日日三餐
早·午·晚

葉怡蘭的
20年廚事手記

My life in the kitchen

自序

在家裡吃，舒服多了！

坦白說，煮婦生涯二十幾載，我從不曾認為自己「很會做菜」——所以，每有人如是誇獎，我都必然反射回答：「不不不，我不算會做菜，只是『喜歡做菜』而已。」……到最近，即連自己是否真如想像中那麼喜歡做菜，竟也漸漸開始動搖……

畢竟，長期從事飲食研究與寫作工作，身歷眼見口嚐名廚身手絕頂華餚無數，加之身邊太多備受讚譽廚藝高手朋友，太知曉「很會做菜」究竟是怎麼一回事；絕不是我這既非名門自小養成薰陶、更無代代相承家廚鍛鍊，純粹自行摸索半路出家之三腳貓功夫得能攀配。

至於「喜歡做菜」，說真的也差得遠了。一來工作太忙無暇他顧，二來生性不愛繁瑣，一站上廚檯，滿腦子全是如何躲懶省力偷工，從不耐煩細細修習、琢磨、精進廚藝刀工技法，更遑論菜式鑽研。

甚至，年少時初初學廚之際的三分鐘熱度一過，連時間都錙銖必較不願多耗，午餐超過十分鐘、晚餐三十～四十分鐘便嫌太久太費事，對想方設法如何同步多工、倍增效率的興趣還大得多。

但唯一可以確定是，對美味的執著追求、沉迷耽溺，卻絕絕對對一往無前火般熾熱，年年月月日日季季時時刻刻少有懈怠。

是的。我之所以心甘情願日日親手操持三餐，且還縱情樂於此中，原因無他，挑嘴而已。

「在家裡吃，舒服多了！」——咱家另一半常常掛在嘴上的話，也是我的長年心情寫照。

這「舒服」，可不只環境與氛圍，更關鍵是「合味」。

天生愛吃重吃，加之工作上的多年陶冶涵泳，對於飲食一年年越來越難敷衍遷就，執著堅持每一頓、每一口都必得吃得合心合意、合乎此刻味蕾心靈生理渴望欲求。

偶而上美食級餐廳小館小吃打牙祭兼觀察取材除外，特別常日三餐，對我而言，絕不單單只是果腹生存之必要，更是滔滔人世奔忙生活裡的安頓依歸與喜樂源泉，非得認認真真、全心全意全念面對不可。

所以，食材必得當令優質上選，調味盡可能天然無添加無負擔，烹法清簡但必得實實在在有滋有味，菜色——這是最棘手的部分，從來吃飯最是怕膩，一道菜吃過後別說隔餐、幾個月都不想再相見，遂非得日日頓頓都有多端變化、一點不重複才好……

刁鑽若此，尋常外食哪有可能因應對付，遂早早覺悟，只能自立自強、執刀持鏟起灶當爐自己來。

而也因全由貪饞挑吃、而非廚藝熱情所驅動，我的入廚歷程與路數，似乎有那麼點兒不一樣。

首先一如前述，全無任何家傳家承脈絡——原因在於，我的母親是成功職業女性，極少有空進廚房。

所以自小到大總是很難言說什麼叫「媽媽的味道」，只因記憶中母親的挑燈忙碌背影總是出現在辦公桌後、非在廚房中。而那樣的堅強自主女性形象似乎也悄悄影響了我，讓我不知不覺跟隨了她的腳步，為自己的事業與人生奮勇拚搏、全力以赴，從不依賴退卻。

耳濡目染下，成長階段幾乎與廚事完全絕緣；直到北上求學，遠了家鄉味，南北兩地口味的巨大差異，不僅讓思鄉愁緒益發深濃，更激起強烈念頭與動力，開始學著自己為自己做飯。

學生賃居處窄小，只容得一只小小爐子、一口迷你電鍋。試著從現有食譜入手，卻覺普遍以一道道菜色為核心的一般食譜書，一來現有設備難以施展，二來也與我熟悉的家常味有些差異……

好在從母親書架上翻出來的一本已然陳舊泛黃的薄薄小書，以食材分章節，菜式只是舉例、也沒有明確的步驟份量，最重要是雜談食材特性與各種可能作法與變化。結果意外合用，對從小就是台南古城裡最樸實庶民食物養大的我來說，極是對味且一點就通。

就這麼摸索著一點一點逐步演練，直至大學畢業開始工作，有了稍微像樣的廚房；這會兒，勉強有些底子、眼界也開了，置身繁華台北都會，瞬即被眾多時髦洋玩意兒吸引；遂而，義大利麵、法國鄉村菜、歐風甜點……書店裡一本一本食譜買了來，什麼新奇菜餚都想玩玩看。

尤其後來走上餐飲寫作之路，也開始到處旅行到處走，眼界視野更遼闊寬廣，家常餐桌，益發流溢著形色異國味道。

然有趣是，這樣的熱鬧紛呈景況卻不曾持續太久。隨年歲增長，心境轉為沉澱靜定；加上專業投注領域漸偏飲食文化與食材本身，對素材之本來面目本來滋味益發喜愛情鍾……

於是，我的家常菜就這麼一年年漸漸簡化，精挑細選食材、點到為止烹調，三兩下快手輕鬆就可開飯。

然後，就在這過程裡，另一驚奇發現是，菜色形貌竟也跟著越來越「台」。

明明身在台南時從未親手操練過，然曾經熟悉的家鄉味、自家菜，卻不自覺歷歷浮現腦海：炒米粉、米粉湯、麵線湯、鹹粥、鹹粿湯、乾煎或滷煮虱目魚、燒豆腐、菜脯蛋、蒜味莧菜湯……就這麼自然而然出現餐桌上。

——其實留在心版的大多不是菜餚，而是烹調概念、工序：滷、煎、煮、炒、爆香、涮燙、沾拌、下湯……等等，非常台菜本色、率直單純對待食材處理食材的態度和方法。

「所謂家常菜，就是把食材好好煮熟。」每有人問起我的烹飪原則，我總愛這麼回答。——而說真的，一旦抓到訣竅、化繁入簡成習，快手輕鬆三兩下就已經很美味，哪還肯再回歸複雜？

但理所當然是，再無法如兒時那麼純粹了。過往經歷的潛移默化，讓我的菜固然台魂為本，卻自然而然流露混血面貌：

特別是日本料理的影響。

說來奇妙，可能是台日間複雜交錯的歷史文化因緣，也可能是原本口味上原就偏愛清淡，年輕時乍一接觸日式烹調，立即便覺投合相契。

不僅藉此瞭然如何簡單煮原味吃的神髓，也因而一步銜接上台灣家常料理其實隱隱然涵藏的日風，領會了二者間相互共通的樸素扎實、真淳本色，倍覺親切。

還有歐洲地中海料理的輕鬆率意不拘泥，泰印韓料理的濃亮辛香，都為我的三餐點染更多活潑風致。

更不用說這二十多年來，世界各地僕僕風塵，從歐亞名廚餐廳到鄉野市井庶民小館小攤，國外國內市場市集與食材食品店以至農園牧場產地原鄉的身歷親訪，還有身兼食品雜貨鋪經營者身分十六年來的實戰操演、頻繁開闊涉獵品試實踐，以及書海裡案牘上的大量閱讀反覆探究撰寫……點滴融會手路裡心版上，讓我於廚檯上得能隨時信手拈來、觸類旁通，直見本質本真，無入不自得。

而「食」之外，對「飲」與「器」同樣旺盛的熱愛好奇與求知欲：酒、茶、咖啡、鍋碗瓢盆杯盤皿……也都一樣廣兼博愛，使我的餐桌風景更加豐盈著無窮樂趣與可能性。

然後，在這過程中，隨網路各社群平台的崛起而後發達，竟因而得了契機，從單純自家獨享，繼而與更多朋友共享，而後流傳、發酵。

一切故事，得從一張隨手貼說起：

長年以來，在我的廚房抽油煙機上經常有著這樣一張隨手貼——維持好久的習慣了，特別是晚餐，一日裡最混亂的時段，每是忙到天都黑透了、腹饑如雷鳴之際，方才依依不捨起身，拉開冰箱抽屜檢視一下此刻現存材料，迅速構思組合出想吃的可做的菜；回到書桌前，一面應付通訊軟體視窗裡各方夥伴們還正輪流十萬火急叮咚不停催響訊息，一面抽張隨手貼，把今晚菜單寫下……

沒錯，迷糊健忘如我，這一心多用亂如麻當口，若不這般白紙黑字提點，不僅一轉頭就把菜色全忘光；接下來，三四爐口齊開、兵荒馬亂開始做菜後，多半還得書房廚房兩頭奔跑照看，更免不了切錯菜調錯味下錯鍋。

結果就此演化為一種固定記錄模式：每餐飯後，我會將隨手貼撕下來，把內容轉錄於筆記本上，並不時註記滿意的調味比例與配方；寫日記一樣，吃過什麼做過什麼菜都留下痕跡，也成為日日換口味變花樣的絕佳參考。

後來，有了噗浪然後臉書微博以至Instagram，便改為記在網路上，還在眾網友的「沒圖沒真相」鼓動下有了照片，更加一目瞭然，不僅檢索查閱更方便、還多了交流對話。

所以，總常有人驚異為何我能網路上分享三餐持續不輟……其實並非我特有毅力，純是忙中卻還想好好吃飯所逐步衍生的一種飲食生活方式罷了。

然後發現，這分享交流，至今已經十年！

這一路，所得所獲與樂趣太多，然最大收穫是，竟而催生出這本書。早從多年前就已被四方讀者網友出版社輪番敲碗催促，且一年年越趨懇切熱烈，讓原本只想安於純粹記錄的我，也隨而起心動念，開始著手整理結集。

沒料到，原本以為純然家常隨筆小品，工程龐大程度卻遠超乎想像，從架構——這全不具目的和主題性的汪洋靡蕪圖文之海，究竟如何去蕪存菁、歸納整合？規格——漫漫十年歲月，浩瀚無可計數的圖文內容，該怎麼收容於一冊小書中？

尤其終究訂出綱目，決定以早午晚為經、菜式類型為緯，兼容四時節令與廚事之樂，並以二〇一三年末居家全面翻修至今，我的《Yilan 美食生活玩家》網站所收錄近兩千則「餐桌週記」為選取範圍，據此進行盤整後，卻更加一發不可收拾：昔往回憶、長年心得感發歷歷湧現，一一書寫融入之餘，出乎留念心情，也酌情將更早期、最早可追溯到近二十年前，社群甚至部落格時代來臨前曾寫下的廚記、食譜重點收錄其中。

可算我的歷來十七本著作中，前後積累橫跨年歲與艱辛程度足能與翻山越嶺走遍茶國茶區的《紅茶經》相比並論，頁數、字數與圖片數則遠遠凌駕其上，對我而言意義非凡之作。

我將此書定名為《日日三餐，早・午・晚》，晨昏日夕、春夏秋冬，就在這一餐又一餐的美味中，專注踏實，悠然流轉。

「在家裡吃，舒服多了！」——每每奮戰整日後，終於落坐餐桌旁，卸下一身疲憊，持箸舉杯大快朵頤之際，心中總會油然萌生這樣的喟嘆。這是，我的飲食日常，平凡而樂，自在陶然。

目次

PART 4 廚事

所謂家常菜，就是把食材好好煮熟

——我的，十七廚房心法

1.別把做菜想太難。煮婦生涯二十多年，最深刻體悟是——所謂家常菜，就是把食材好好煮熟，如此而已。優質上選素材、點到為止烹調，直覺直率思考；一旦真心樂於單純素樸、原味真味中，下廚做菜自在輕鬆，更貼近美味真諦、也更安於在家煮在家吃。

2.別把門檻設太高。沒人規定非得四菜五菜一湯，事實上，兩菜一湯一飯、一菜一湯一飯、一菜一飯，甚至單單就是一碗蓋飯、一道拌麵、一份三明治……對我而言，只要有蔬有肉（或豆製品或菇類）有澱粉，不過分單調，滿足飽足，就是美好一餐。

3.從食材、而非菜色發想。不管採買或構思菜色，不要想著今天要煮哪道菜，而是看看眼前或庫存有什麼食材、想吃哪個食材，再以之為基礎，應用既有材料和調味料據以組合變化。當令盛產什麼、手邊有什麼就煮什麼，才是真正踏實自在、足能長長久久的日常。

4.隨季節流動而食。當令時放懷痛吃，非當令即使買得到也不耽溺念想，且勇於嘗試各種新鮮新奇季節食材；如是，不僅得享最青春正盛豐腴芬芳滋味，且因月月季季皆不同，即使簡單煮，也有無窮之樂。

5.一字記之謂之「鮮」。我的最最核心入廚訣竅，也是我據以勾勒菜餚風味的最關鍵技法——善用鮮味素材。鮮味者，「Umami 旨味」是也，其韻其味非鹹非甜，而是一種雋永芳醇的甘美。

海鮮和內臟之外，許多可長期保存的發酵風乾醃漬素材都含有豐富的鮮味：比方醬油、鹽麴、魚露、味噌等醬料調料，干貝、蝦米、扁魚、柴魚、魚乾、烏魚子、昆布、乾香菇等乾貨，泡菜、榨菜、蘿蔔乾、破布子、醬瓜、酸白菜等發酵或醃漬蔬菜，火腿、臘肉、香腸臘腸等肉製品，以至明太子、油漬鯷魚、沙丁魚等醃漬海鮮……適度備存、取以入菜，常能收畫龍點睛甚至點石成金之效。

6.半飽總比過飽好。生性不愛吃剩菜、更討厭丟棄剩食剩菜，所以除非一開始就計畫多做留存備用，否則定以「絕不剩下」，務必道道完食、盤底朝天為首要目標。

因而總以「寧少不多」為前提斟酌份量。畢竟這豐衣足食年代裡，半飽總比過飽好；更堅信飲食有度不重複、甚而留些饞想，才是恆長樂在其中之道——但說也奇妙，不知是否拿捏得當，大多數時候竟還是太飽居多，從未餓飯……

7.求快求簡，食材必得上選。我的深切領會——越簡單，越是「不容易」，因高下好壞全然無所遁形。不管蔬果魚鮮肉類米麵豆品，在地新鮮當令、認真用心培育製作，本身品質好，即使只是稍稍涼拌白灼燙煮清炒，都有好味道。

我的食材來源：多年來逐步建立、熟識信賴的家附近有機食材店、農園農場養殖品牌。還有台灣產銷履歷農產品——擔任代言人屆滿八年，非常熟悉其中理念、堅持與運作方式，也結識越來越多努力不懈的達人農友們，理所當然信服支持！

8.多「類」採買，多樣配搭。家中人口少，卻想吃得多樣，採買時就得多些留意。特別生鮮，定然區分出類型：綠色蔬菜一類、根莖瓜果與十字花科一類，然後菇類、豆製品類，番茄因是非有不可之最愛故自成一類……每類視情況固定備存一到三樣。常日做菜也以此為方針，盡量跨類組搭，不偏斜哪一方，從味道到口感都活潑，顏色也好看。

9.好醬料調味料好乾貨香辛料值得投資。傳統古法手工好醬料好調味料香辛料所能發揮的作用，絕不單單只是味覺上的酸甜苦鹹辣而已，而是風味上的豐饒飽滿醇馥多芳……只要品質夠上乘，往往只要一點點，便能讓平凡菜色閃閃發光。

我的採買之道：盡力避開大量製造的化學品——早習慣採買食品時定然翻看細讀背標，成分越單純、看不懂的怪詞怪字越少越好，純天然無添加、甚至悠長歲月

陳年醞釀者更是上上最佳；同時盡量搜羅涉獵優秀製造者或工坊。

當然毫無疑問，將滿十七週年的我的《PEKOE食品雜貨鋪》是咱家廚房最強大後盾，各款商品之引進、量身打造，都以我之日常飲食入廚所需所求所愛所饞為前提，最依賴就是它！

10.一材多用＋審慎保存，人少少也能輕鬆開飯。常有讀者抱怨，一人兩人之家很難買菜做菜。事實上，別老想著一包菜一枚瓜定得一次吃掉，只要妥善一材多用：第一回涼拌、第二輪鍋炒、第三次煮湯……做法不同、調味與配料不同，吃不膩、份量也剛好。

為此，保存上應得留心——蔥薑蒜以紙或紙袋包裹冷藏，切過的洋蔥、根莖或十字花科蔬菜以紙巾覆蓋切面後再裝袋，放入冰箱保鮮室，可以有效延長保存時間。值得一提是，自然農法蔬菜價格雖貴些，但比一般慣行農法蔬菜更耐久，也較少隨季候或市況波動，其實還蠻划算。

11.善用冷凍，小家庭廚房求生方。鮮蔬之外，各種肉類一買回來就立刻趁鮮分裝或切成小份密封冷凍，分次取用。魚與頭足類海鮮則以小分量袋裝新鮮急凍品為首選。肉魚之外，其餘可冷凍食材遠比想像多得多：米飯與麵包饅頭、高湯、常備菜以至漬物乾貨、辣椒、水果……不僅可精確控制份量，長期且完整留存美味，還可多備可用素材、撙節調理時間，一舉多得。

12.烹調有計劃，快手一餐。工作忙碌如我，煮婦生涯二十幾年，最是挖空心思想方設法，就是如何躲懶偷工求簡求快。積累至今心得是：審慎安排流程，動手前先略略思考，按照各食材菜餚之烹煮所需時間長短理出先後順序，最慢熟者先下鍋，間中同步處理次慢熟的，最快速的鍋炒或涮燙則留最後，洗、切、醃、烹、拌、盛相互交錯穿插，多工多爐齊做齊開，三兩下就可開飯。

13.用感官做菜。以眼觀看、以鼻嗅聞、以耳傾聽，以腦以心分辨、判斷……做菜越久越是瞭然，由於變因實在太多，每一回下廚，都是截然嶄新狀況；食譜甚至經驗告訴你的劑量、溫度、分秒都不見得能夠依靠，唯有臨場時的感官覺知才最能仰仗。特別最後階段，謹記，一定必得口嚐，該多少鹽多少醬油多少醋？要不要再另加些麻油魚露蜂蜜辣椒？味蕾，會告訴你最準確的答案。

14.冒險與創意應有所本。不要怕冒險，盡情揮灑創意吧！但絕非純然天馬行空，其中自有章法和脈絡。平時在外打牙祭、旅行之際的各地美食采風，以至琳琅滿目的紙本或網路食譜、料理節目，都是絕佳舉一反三靈感來源與參考對象。最重要是「創作」出爐之際先停下來想一想，揣摩、推敲風味是否確實和合，越是經過長足涉獵、訓練與經驗淬鍊後的判斷，越能八九不離十。

15.好好擺盤。其實不用太刻意，只要在能力範圍內，少許備幾只順眼喜歡的盤皿碗砵杯碟筷匙叉；離火盛裝前稍稍花個幾秒鐘思考一下食與器、器與器間的形狀、圖案與色澤之彼此交映配搭，上桌後看著悅目舒坦，心情與氣氛更好。——至於我之如何選如何備如何搭……且待下本書分曉！

16.樂有酒與飲為伴。總常有人問我，為何餐餐都有美酒或調飲相伴？是的。對我來說，食與飲、特別是酒的佐搭，彼此間的交融交歡，常能撞擊出一加一遠大於二的美味火花，值得花些心思好好鑽研、縱情細品歡享。

17.最後，來道甜點吧！——嗯，這就用不著多說明了吧？對我來說，必不可少是一道清新爽甜水果切盤，完美句點！

早。

晨飲

多年來，在臉書、微博等處分享我的日常三餐之際，每到晨間時分，總常引來四方驚疑：「真的只有一杯飲料？這怎麼夠？」

是的。算算已經維持將近二十年了吧！自從開始在家工作以來，除非難得假日有閒或人在旅行中，我都習慣跳過早餐，直接以一杯晨飲作為一日開啟。

在奉早餐為好國民健康良方的時代，這樣的生活方式，每每提及總覺赧然：「不是好習慣，不要學喔！」——我總是如此回答。

此作息的養成，固然一者出乎人坐家中、多靜少動，需求熱量極低；二來早上向來是工作最繁重時刻，幾乎日日一睜眼就忙忙直奔電腦螢幕前，實在無暇多花時間打理早餐；然最最關鍵還是，千思百慮交集中，不想因肚腸飽脹而致腦袋昏沉，遂寧願盡量空腹以保神清氣爽。好在長年下來，似乎也不覺有任何不適；遂也就這麼自顧自任性維持至今。

有趣的是，近幾年，飲食思維風向呈現奇妙的全盤逆轉態勢；科學檢證下，許多根深蒂固觀念一一被推翻，各種過往被視為萬惡的食材紛紛洗刷冤屈，以為有益者反成疾病元兇……到最近，連普世奉為圭臬的「早餐至上」理論都被質疑。

從「可以不吃」、「不如不吃」到「最好不吃」、甚至「不可以吃」……說法越來越嚴正激烈；最後竟連「吃宵夜比吃早餐好」的驚世論述都出現，讓自小到大怎麼樣也無法戒斷、始終懷著罪惡感吃宵夜的我登時鬆了一口氣。

當然反對聲浪也頗強大——不過這會兒，得了教訓，我可再不肯輕易聽誰信誰了，照這今日東風明日西風景況看，誰知道過個幾年會不會又翻盤。

只能自我強解（或說安慰），每個人體質、飲食與生活模式都不一樣，既然莫衷一是無所適從，那就還是放寬心，依隨自己的身體覺知與常日之樂，自在而食舒坦而飲吧！

而雖捨了大餐、只取一杯飲，但畢竟身屬挑嘴貪饞之人；因此，一如我的日常餐桌景況，哪肯安於刻板單調，從形式到組合配方都隨四時季候與心情日日輪換、極少重複。

通常是紅茶或咖啡＋多量牛奶，內容涵蓋手沖奶茶、鍋煮奶茶、奶泡茶、拿鐵咖啡、鍋煮牛奶咖啡，近年還熱衷奶茶＋咖啡，魚與熊掌得兼。巧克力飲因口感略顯厚重濃甜、晨起飲來略覺負擔，故只久久一次登場插花。

配方則千變萬化，特別茶葉與咖啡豆品項種類最顯多端。此之外，鮮奶、豆漿、杏仁奶與蜂蜜、糖等調味元素，以至各種香料果物也都有不同花樣。

就此一杯，香馥馥暖呼呼滿足飲盡，為奮戰拚搏的每一天拉開序幕。

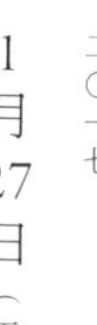

二〇一七
1月27日（五）

錫蘭烏巴奶茶

幾乎已經成為一種難以戒飲的習慣了！我的每一天，總常以一杯奶茶為開啟。而除了讀者大夥兒熟知的鍋煮奶茶、奶泡茶，直接紅茶＋牛奶的基本款經典手沖奶茶當然也是不可或缺的一味。

關於奶茶的講究，前本書《紅茶經》裡已經談得太多，這兒且就不再贅言。然眾多宜於奶茶的濃味細碎茶款裡，散發著宛若森林苔蘚、乾草與辛涼薄荷、肉桂等狂野奔放桀驁不馴之氣的錫蘭烏巴紅茶＋蔗香紅糖＋牛奶的組合，則毫無疑問是我多年來怎麼喝也不膩的最愛。

簡簡單單一杯手沖，卻是風味強勁有力，忙碌的一日就此開啟。

食譜

錫蘭烏巴奶茶：紅茶杯裡放入適量紅糖，淋入約1/3～1/2杯份量的微溫牛奶，沖入泡好的濃熱紅茶，攪拌均勻即可。

二〇一七
10月7日（六）

鍋煮印度香料奶茶

一如我的《紅茶經》書裡所述，我曾發表過的眾多食譜中，最是膾炙人口影響深遠的，應非「鍋煮奶茶」莫屬。

比起手沖奶茶來，小鍋裡高溫煮就的奶茶，茶香奶香皆濃厚，風味口感奔放有勁，一喝上癮。最重要是作法極單純、步驟少少不過二三，短短數分鐘就能完成，比其他茶法都來得省時省事。

於是，就這麼愛上了，一週裡總要煮上個幾次，就此躍登咱家穩坐第一的重要日常晨飲，每隔幾天便要擔綱一次。而印度香料奶茶，則是我的最愛口味之一。家中常備印度綜合香料，與茶型細碎、滋味濃郁、但香氣較厚實不張揚者之茶葉如印度阿薩姆紅茶、錫蘭汀布拉紅茶、英式早餐茶等同煮，蜂蜜則愛台灣本產之龍眼、荔枝等熱帶果花之蜜，辛香馥郁，暖胃暖身暖心。

食譜

鍋煮印度香料奶茶（兩杯份）：二五〇cc水倒入小鍋中煮至沸騰，轉小火，投入五～八克茶葉與一～二匙印度綜合香料略煮至茶味、茶香與茶色散發。倒入二五〇cc牛奶，慢火煮至溫熱後隨即熄火。加入適量蜂蜜，拌勻，濾去茶渣、倒入杯中，即可享用。

二〇一八

2月15日（四）

鍋煮台茶18號豆奶茶

其實向來對豆漿的喜愛始終不輸牛奶。

早些年，雖因生就一副東方肚腸，對各式黃豆類製品從來依賴甚深，一天兩天沒吃點豆腐豆乾豆皮味噌便覺空落落不舒服；但唯獨豆漿，由於沒有固定飲用與採買習慣，加之早餐多半在家、很少外食，遂就是偶而上傳統燒餅油條早餐店時順道來上一杯而已。

直到後來，開始在家試試自己炮製豆奶拿鐵咖啡；一路推敲琢磨、逐步拿捏出合口味的配方作法過程中，就這麼自然而然，慢慢將豆漿納為我的飲食生活中的一員。

因此，咖啡之餘，我的早餐飲料的另一大項：鍋煮奶茶，當然也少不得豆漿的參與。

而也許因著茶性素來比咖啡更溫和溫醇，特別是紅茶，與其他素材的相容度高；遂而，鍋煮豆奶茶的實驗歷程較之豆奶咖啡來，硬是少了許多摸索——和鍋煮奶茶步驟幾乎一模一樣，只是將慣用的牛奶換成豆奶而已，簡簡單單輕輕鬆鬆就上手。

首先，為不使紅茶的澀味與豆漿隱隱然的苦味正面碰撞，同時表現出豆奶茶的樸實淳厚特色，紅茶最好選擇香氣與調味不過於複雜濃重、但質地仍有一定紮實度的茶款（但也不要太清淡，以免整個被豆漿壓倒）；如較溫雅的英式早餐茶，中等口味的錫蘭調配茶、阿薩姆茶、台茶18號紅玉紅茶等，都十分合宜。

調味方面，我喜歡蜂蜜多過糖。總覺得那豐裕芳美的花香與甜香，能讓豆奶茶一整個活潑起來。但若加入的是糖，則可提前至與茶葉一起調入。

而純加豆漿之外，我也常改以一半牛奶、一半豆漿入鍋，奶香、豆香交揉，醇厚與芳香感都更圓潤醇美，又是另番不同迷人滋味！

食譜

鍋煮台茶18號豆奶茶（兩杯份）：二五〇cc水倒入小鍋中煮至沸騰，轉小火，投入五~八克茶葉略煮至茶味、茶香與茶色散發。再倒入一二五cc牛奶與一二五cc豆漿，慢火煮至溫熱後隨即熄火。加入適量蜂蜜，拌勻，濾去茶渣、倒入杯中，即可享用。

二〇一七
11月4日（六）

鍋煮桂圓黑糖薑香奶茶＋燕麥片

氣溫降，鍋煮桂圓黑糖薑香奶茶登場。用的是自家長年愛用的現成黑糖桂圓濃縮汁，直接取代蜂蜜入鍋調和而成。天寒需要多些熱量，便加點燕麥片，更添飽足感。

二〇一七
12月30日（六）

鍋煮錫蘭汀布拉杏仁奶茶

沒了牛奶、偏又非想喝奶茶不可時，便是杏仁奶茶登場時刻。雖說是應急之作，但濃稠厚實、芳香溫暖，一點不輸牛奶茶。尤其寒涼冬日早晨來上一杯，舒服極了。

食譜

鍋煮錫蘭汀布拉杏仁奶茶（兩杯份）：五〇〇ｃｃ水倒入小鍋中煮至沸騰，轉小火，投入五～八克茶葉略煮至茶味、茶香與茶色散發，熄火，調入適量蜂蜜，拌勻，濾去茶渣。倒入預先置入兩大匙杏仁粉的杯中拌勻，即可享用。

二〇一六
8月20日（六）

自家隨手調配茶之奶泡紅茶

比起手沖與鍋煮來，牛奶+奶泡+紅茶與少許糖調和而成的奶泡紅茶，因裡頭飽含的滿滿空氣，既有的厚重感消失了，質地輕盈不少，奶香茶香也變得更加明媚剔亮；早晨想喝得清爽，便輪它登場。

與其他品飲類別不太一樣，紅茶領域裡，近兩百年來，單一與調配從來不是互相較勁、此消彼長的兩端，而是相生相共、一齊芬芳。

而各品牌現成調配茶之外，玩心一起，我也常出乎飲用喜好和需求將不同來源茶葉混搭，調出此刻想要的味道。以今日調配而言，印度大吉嶺春摘+夏摘+錫蘭創始莊園盧勒康德拉，大吉嶺的花般清揚、交融以濃沉扎實錫蘭茶，夠厚夠亮夠香，好好喝啊！

二〇一八
7月9日（一）

自家隨手調配豆之拿鐵咖啡

● 在咱家，咖啡的重要性其實一點不輸茶。特別晨間，加入多量牛奶的咖啡總與奶茶輪流上場。為求提神振氣，晨起之飲宜濃烈豐厚，習慣喝的是以espresso為基底的拿鐵咖啡；至於豆款，雖一般公認烘焙度高較合宜，但因生性愛酸，遂也常取淺焙果香調者入飲。

而一如茶裡的玩心，單品之外，更喜歡自己「混豆」，把不同來源豆子調在一起沖煮，往往有意外之味，樂趣多多。比方今天是肯亞圓豆＋衣索比亞耶加雪菲，好喝！

● 喝拿鐵咖啡，常愛以碗代杯，兩手交握，身心味蕾都溫暖。

二〇一七

11月12日（日）

●豆香拿鐵咖啡

●沉迷豆奶拿鐵咖啡已經多年。早先，是在某知名連鎖品牌咖啡館裡喝了這一味。當時，新品剛剛上市之際，雖說不無猜測、應是為了無法喝牛奶的乳糖不耐症者或全素食者推出的替代商品，但仍舊滿心好奇，點來一杯嚐嚐。

結果，雖喝得出很清晰的豆漿味，卻覺得豆漿裡隱隱然的微苦，讓咖啡的苦味似乎更凸顯，整體口感顯得稜稜角角，說不上喜歡。但後來，偶而上門買咖啡，點豆奶拿鐵的頻率卻越來越高⋯⋯

其中原因，一來是我自己著實太愛太愛豆製品了！從豆漿、豆腐、豆皮、豆乾甚至醬油、味噌、豆豉一律眷戀非常，天天吃頓頓吃總也不膩，自然而然，連豆奶拿鐵也愛屋及烏地一起歡喜接納了。二來生就一副東方肚，怎麼說，喝豆漿無論如何都比喝牛奶來，腸胃上要舒服得多。

而次數多了，不免也萌生何不自己動手炮製一杯的念頭。畢竟，拿鐵咖啡原本就是我家例行早餐飲料之一，這會兒不過就是把牛奶換豆奶而已，能有多難？

然而，說得簡單，開始動手後才發現，似乎不是那麼容易。一開始，隨手買了市售盒裝品牌無糖豆漿回來，按照既往拿鐵咖啡的沖煮步驟依樣畫葫蘆：豆漿加熱、打發⋯⋯嗯，怎麼搞的？再怎麼打、都只像肥皂泡泡般粗糙多孔，無法真正綿細緻密。

勉強加入espresso咖啡，味道和之前連鎖咖啡店的味道頗相似，咖啡和豆漿的苦味彼此打架，沒辦法水乳交融⋯⋯問題出在哪裡呢？我開始思考。

也許先從豆漿的濃度著手吧！揚棄一般市售品牌，從有機通路買回濃醇的無糖豆漿再次嘗試——果然完全不同！這回終於能夠打得綿密，甚至還幾次驚喜出現比牛奶還綿柔的景況。而若能牛奶一半、豆漿一半，質感和口味都更勻稱。

奶泡問題解決，接下來就是味道的改善了。反覆琢磨後發現，咖啡本身也有講究：中淺烘焙、溫厚順口配方，比較容易琴瑟和鳴。

就這麼習慣下來、成為常日早晨飲品重要一員。晨起時刻，豆香豆味共著奶香咖啡香習習，好舒服一杯。

二〇一六
4月22日（五）

鍋煮早餐咖啡

近年逐步加入鍋煮奶茶、奶泡茶、拿鐵咖啡行列，成為我的晨間良伴之一的鍋煮早餐咖啡。

可算鍋煮奶茶的咖啡版本——與咖啡專家陳志煌James的攜手創作，以我的鍋煮奶茶為發想基礎，結合鍋煮奶茶迷魅的濃醇與澀味、早餐咖啡所需的醒脾勁道、以及精品咖啡的多元層次和風韻，是對咖啡可能性的鑽研挑戰之作。

至今，一路煮過來，配方與作法漸漸有了微調和改變：除了越來越愛用原本較偏愛的中淺焙豆，步驟也不同於剛開始時習慣的、將研磨好的咖啡粉倒入冷牛奶中直接開煮；現在，喜歡先將牛奶加溫後才加咖啡粉，小火烹至合宜溫度再關火濾出。感覺比原本口感更溫潤柔和、咖啡香氣更清揚明亮。

從來，如這般日常飲食小事的點滴累積琢磨與再發現，始終是生活裡玩味不盡的樂趣之源哪！

食譜

鍋煮咖啡（兩杯份）：咖啡豆二〇克，研磨成中細刻度備用。五〇〇cc牛奶倒入單手鍋中，開小火加熱至五〇℃，加入咖啡粉輕輕拌勻，繼續加熱至七〇℃。熄火，濾除咖啡渣後，即可享用。

二〇一八
5月20日（日）

鍋煮印度香料咖啡

不知為何，可能是體質緣故，雖身屬愛茶人，但每回著涼感冒時，喝咖啡總覺比喝茶來得舒服。今早，突然憶起印度旅行時聽當地人說，印度香料奶茶既是在地日常茶飲、也是感冒良方……欸，那就乾脆湊合一起看看吧！

一嚐入口，鍋煮咖啡的雄渾厚實奶味醇郁中，明亮活潑香料氣華麗競放，比起鍋煮咖啡奶茶更多幾分冶艷狂野，好好喝啊！

歡喜又得一晨飲新方。

食譜

鍋煮印度香料咖啡（兩杯份）：一〇〇cc水煮沸後，加入適量印度綜合香料煮出味道；倒入四〇〇cc牛奶，文火煮至五〇℃後，溶入二〇克現磨咖啡粉，略攪拌一下，至七〇℃隨即熄火，調入一小匙蜂蜜，濾去渣滓盛入杯中，即可享用。

二〇一八

4月1日（日）

鍋煮咖啡奶茶

熱愛紅茶、也愛咖啡，所以，我的晨飲時光多半是兩者交替，有時奶茶、有時拿鐵咖啡。但偶而總難免心貪，既饞想咖啡、又難捨紅茶——那麼，就乾脆送做堆，來杯咖啡奶茶吧！

奶茶＋咖啡，最富盛名當屬香港的「鴛鴦」，咖啡、紅茶、奶水、糖共冶一杯，既濃甜又噴香、既勁澀又滑醇，從身世到口感滋味都雜揉混融，非常香港特色。年輕時在茶餐廳裡一嚐便愛上，至今猶然戀念難捨。

只不過，即使一往情深若此，對我而言，這「鴛鴦」卻始終純屬茶餐廳飲料；就如同樣混血風情洋溢的越南咖啡、馬來西亞海南咖啡一樣，非得在該地該場域裡享用，一旦離了那環境那氛圍，便全不是味道。所以，自家炮製，還是全照自家日常習慣規矩來。

而多年反覆試做，發現手法不同，風味也自有微妙差異，彼此穿插輪換，自有豐富變化樂趣。

當然最單純是分開操作，紅茶與咖啡分別沖煮完成後，再兑入牛奶與糖，直覺簡單不複雜。但此法對咖啡與紅茶都已先備好之咖啡茶店而言雖方便省力，但若是家常操作，反得動用大批道具工夫對付，相對麻煩。素來最貪懶貪省力如我，只試過一次便放棄。

於是還是回到原點，從基礎紅茶法、咖啡法中找答案。

首先嘗試的是最省工省器具的「一鍋煮」。概念脫胎自我已然流傳廣遠的「鍋煮奶茶」譜，雖然多年來已經煮得無比熟練，但畢竟紅茶與咖啡之萃取思維與工序都不同，茶葉得先以水煮效果才好，咖啡則不需要、且中段加入風味較柔和，一古腦全扔進去可不成。

試驗多次後，才漸漸確立了（對忙／懶煮婦而言最最重要的）流暢省力步驟，以及能讓咖啡與茶香兩相輝、厚實濃勁但和潤不澀的比例與方法；配方則以我愛的淺焙果香調豆款與醇厚多香茶款，最是醒脾舒爽。

食譜

鍋煮咖啡奶茶（兩杯份）：一七五ｃｃ水煮沸後加入約四克碎紅茶葉，小火快煮至顏色與香味開始散發，隨即倒入三二五ｃｃ牛奶，文火煮至五〇℃後，加入一〇克現磨咖啡粉，略攪拌一下，續煮至約七〇℃便可熄火，調入適量蜂蜜，濾出享用。

二〇一八
4月5日（四）

拿鐵咖啡紅茶

鍋煮可行，馬上又將腦筋動到義式咖啡法上，來個拿鐵咖啡紅茶如何？

一開始偷懶老毛病又犯，直接將研磨好的咖啡粉混合細碎紅茶葉一起全投入義式咖啡機……嗯，比起鍋煮似是更顯活潑多芳，但細細品來，卻覺紅茶與咖啡之香氣層次不夠各自清晰分明，略有小憾。看來義式煮法眉角多，不能一味偷工，還是得回歸萃取本質思考。

於是從奶泡紅茶的既有步驟延伸，先泡好紅茶、茶壺裡加入濃縮咖啡和糖，再倒入打好的奶泡與牛奶中。果然這回，茶香與咖啡香均適才適性展現，風味、醇厚度、平衡感都更上層樓。

另一新得還有，茶葉改用伯爵茶，感覺比常用的錫蘭各產地單品茶或英式早餐茶都出色，習習柑橘果味明亮清揚，更加對味。

二〇一四
12月20日（六）

鍋煮印度香料熱巧克力

壁爐前，來一杯香噴噴濃馥馥、香料氣味紛呈辛芳的熱巧克力。暖意洋洋的深冬週末一日開啟。

食譜

鍋煮印度香料熱巧克力（兩杯份）：一五〇ｃｃ水倒入鍋中煮沸，灑入印度綜合香料煮至香氣散發，倒入一五〇ｃｃ牛奶，拌勻，慢火煮至溫熱。繼續一面攪拌、一面徐徐加入一大匙可可粉，待全數均勻溶解後，加入適量剝碎的巧克力塊，攪拌至融化，過程中偶而提起鍋子離火、使之維持微微起泡但不沸騰的狀態。等液體漸呈柔滑漂亮有光澤的濃稠狀，濾去渣滓、倒入杯中，即可享用。

整理此章文字當口，方才驚覺，已然想不起有多少年不曾在外吃過早午餐了。年少時曾經熱衷的假日閒暇活動，卻隨年歲增長、生活型態益發好靜戀家，竟越來越意興闌珊。

「家裡頭吃舒服多了！」另一半總是如此宣稱，怎樣也不肯出門。

其實，若嚴格論較，咱家早午餐並沒有什麼太過新奇處，長年演化發展下來，樣貌大致相似：

二或三樣當令水果切盤或拌成水果沙拉，若想更勁爽些則換為生菜；奶油煎法國吐司或美式pancake煎餅淋上自製果味醬汁；一盤生火腿或臘腸或煎培根，有時則是起司烤蛋或炒蘑菇；一壺紅茶佐牛奶與蜂蜜，節慶日則也許多添杯氣泡酒。

形式雖大同，但出乎挑嘴怕膩素性，內容次次均有小異：水果蔬菜照四季節令流動而變換，紅茶、蜂蜜、果醬、奶油款式類別口味不斷輪替，即連所使用的吐司、粉料、肉製品等素材也隨品牌或產地不同，頓頓都有新意。最重要是，自家煮食，素材自可盡情講究、精挑上選——所以，光這料好實在，便遠非需得顧及經營成本考量的外頭餐館可比。

「這麼豐盛，很費事吧？」總常有朋友如是問。不不不，陣仗雖大，說穿了，就是家常現存食材之排列組合簡單烹調而已；尤其多年下來做得熟練，不到半小時就可上桌。

配上一張喜愛的唱片、一本過往旅行相簿，這盡其在我的合心合意、舒坦自在，無可取代。

只遺憾，此刻現實是，隨著近年越發忙碌，假日也全在埋首伏案工作中度過，這閒情早午餐竟也越來越難得。然也因如此，久久一次，那滋味，遂更加倍恬靜和悅，無窮回甘。

二〇一八

1月1日（一）

● 奶油紅糖煎餅佐蜂蜜酸橘肉桂柳橙水蜜桃醬汁
● 羅勒蘑菇炒蛋
● 伊比利風乾豬肩胛肉佐番茄春菊沙拉
● 大湖草莓
● 法國 Lanson 粉紅香檳
● 日本 TEAPOND 伯爵茶＋牛奶＋日本今市商店櫻花蜜

佐餐音樂：Horowitz 的《The Last Recording》鋼琴專輯
佐餐影像：2016 年北海道「坐忘林」旅館相簿

● 彷彿許願一般，開年元旦早上，習慣以一頓豐盛早午餐為開啟，期許今年生活能有如此般悠然時光。

只不過，剛剛查了過往記錄卻訝異發現，因一年年工作越見繁重，連假日也忙亂不堪；得能閒情享用早午餐機會越來越鮮少，從昔往的常達五六，到得二〇一七年，竟低落到才只兩回而已。

果然「慢生活」對我而言，始終是一大人生修行課題（或說遙不可及願望？）……只盼二〇一八年，能再多有些智慧、平衡與努力，一步步接近目標囉！

● 佐搭煎餅或法國吐司的醬汁，除了直接使用楓糖漿、果醬、奶油或蜂蜜，更喜歡另外熬煮。其實一點不麻煩，就是一種易軟熟新鮮水果加上一種果醬；若想偷懶則兩三種不同口味果醬，調入蜂蜜、檸檬或家中常備酸橘汁，想繽紛些則還可加入肉桂、薄荷等香料，小火熬至均勻入味即可；想濃厚些還可在起鍋前融入些許奶油。

味道口感更豐富多變有熱度外，還可使之呈醬汁狀，美味好用。

食譜

奶油紅糖煎餅：紅糖二〇克、鹽少許、蛋一顆充分攪拌均勻，加入牛奶七十五ｃｃ拌勻，再加入篩過的低筋麵粉一〇〇克&泡打粉一小匙，再拌入融化的奶油二〇克。平底鍋放適量奶油小火燒至融化，分次倒入麵糊（份量依個人喜好之煎餅大小而定），小火慢煎，見表面起泡、翻面，至餅身凝固鬆發且兩面呈金黃顏色即可。

酸橘蜂蜜肉桂柳橙水蜜桃醬汁：柳丁果肉＋水蜜桃果醬＋酸橘汁＋蜂蜜，小火煮至濃稠，灑上肉桂粉拌勻，即可享用。

二〇一五

4月19日（日）

- 奶油紅糖香蕉煎餅佐有機楓糖漿汁
- 起司牛奶烤蛋
- 葡萄柚&奇異果切盤
- PEKOE之錫蘭汀布拉紅茶+牛奶&日本青森蘋果花蜜

佐餐音樂：內田光子之 Schumann: G Minor Sonata, Waldszenen, Gesänge der Frühe

佐餐影像：2013年日本伊香保溫泉「旅邸 諧暢樓」旅行相簿

●說來有趣，我竟然是在一場公開演講中，意外發現我對香蕉煎餅的執迷。

那是十數年前一次有關旅館美食的講座。演講最後的輕鬆時刻，我選了一些我在各家不同旅館裡隨手拍攝下來的飲食圖片和聽眾們分享。

而聊到早餐時……「嗯，這是XX旅館拍的，那天天氣清朗，你們看，餐桌前方的海景多麼美麗！而我們點的是，香蕉煎餅。」「這張，是XX旅館的早餐，這天的菜色是，咦？也是香蕉煎餅？」

接下來，一路播放，台下開始出現笑聲，沒過多久，每隔幾張，我才剛開了頭：「這張是……」聽眾們便如大合唱一樣，朗朗齊聲念道：「香蕉煎餅～」全場一片樂不可支。

確實，特別是在島嶼海邊旅館，早餐桌上，沐浴在清朗晨曦與海景中，我總常為自己點上一道充滿熱帶風情的香蕉煎餅。

我喜歡香蕉稍微烹煮後所散發出的濃郁香氣以及甜蜜中帶著微酸的滋味，以及果香滿滿、質感黏稠的汁液，將鬆軟的煎餅浸漬得柔潤微濕；切一大塊入口，從口感到味道，都豐腴甜美得簡直可說縱欲……懶洋洋舒服服度假時分，用這樣一道香蕉煎餅作為開啟，真是再幸福美好不過了！

也所以，這麼多年下來，我也真的嚐了好多不同風味和作法的香蕉煎餅：有的就是直接了當，將香蕉切成細粒和入麵糊中直接煎成煎餅，淋上楓糖享用；有的將香蕉切片以奶油和糖或蜂蜜煎煮了，澆在煎餅上當作醬汁；有的是健康取向，新鮮香蕉鋪在煎餅上，淋上滿滿的優格……

而回到家來，週日早晨，我也常為自己簡單做上一份香蕉煎餅；享用之際，彷彿剎那回到那一次又一次難得難忘的、無拘無束無所事事閒散海畔時光，神迷神往。

食譜

奶油紅糖香蕉煎餅：紅糖二〇克、鹽少許、蛋一顆充分攪拌均勻，加入牛奶七十五cc、過篩麵粉一〇〇克&泡打粉一小匙拌勻，再拌入融化的奶油二〇克。平底鍋放適量奶油小火燒至融化，分次倒入麵糊，見表面起泡、鋪上切片的香蕉、翻面，至餅身凝固鬆發且兩面呈金黃顏色即可。

起司牛奶烤蛋：小火加熱烤盤（若非可直火燒煮者則隔水加熱），薄薄塗上一層奶油，倒入一大匙牛奶煮至將沸騰狀態，打入雞蛋，表面灑上切碎或磨碎的Parmigiano-Reggiano起司，放入預熱至一九〇℃的烤箱烤至雞蛋半熟、起司融化狀態，即可享用。

二〇一六
5月7日（六）

● 奶油香煎起司風味法國吐司
佐蜂蜜桔香桑椹醬汁
● 伊比利生火腿&臘腸&橄欖拼盤
● 小番茄&珍珠芭樂&鳳梨切盤

佐餐飲料：鍋煮印度香料奶茶、拿鐵咖啡、青森蘋果汁、蜂蜜醋飲

● 妹妹及男友兩家熱鬧鬧共七口人北來作客，指定要吃法國吐司早午餐。擅偷懶煮婦本色，人數雖多，取巧以多樣餐點飲料穿插，準備起來其實一點不費力。唯獨缺少大餐盤，連切菜板都只好救援上場，豐豐盛盛一桌子擺得熱鬧。可喜大人小孩都捧場，全數吃個精光。盡興歡樂一餐！

● 我的法國吐司訣竅：1.吐司先微烤至表面呈淡金黃。2.不浸泡，下鍋前才沾蛋液，以保留吐司本身的質地和嚼勁。3.用厚片吐司更有口感。

食譜

奶油香煎起司風味法國吐司：吐司烤成微金黃色，兩面充分沾上牛奶、雞蛋與磨碎起司打散拌勻而成的奶蛋汁。平鍋中放少許奶油，加熱至融化，搖動鍋子使奶油均勻鋪覆鍋底後，放入吐司，兩面煎至香酥即可。

二〇一六
10月30日（日）

- 香煎奶油法國吐司佐柳橙桑椹蜂蜜醬汁
- 脆煎培根
- 奇異果&紅西洋梨切盤
- 維也納Sacher旅館招牌紅茶＋牛奶＋奈良大和郡山野豌豆花蜂蜜

- 不知是否和年紀有關，近來假日漸漸越起越早、很難賴床；結果是，原本習慣趁閒享用的週末早午餐，也偶而隨之往前挪移成早餐。雖說非為常態，卻似乎意味了生活習慣的或者可能轉變？

好在悠然氛圍依舊，唯一問題只有，早餐已經這麼飽，午餐該怎麼吃才好？

食譜

柳橙桑椹蜂蜜醬汁：柳橙果醬＋桑椹果醬＋檸檬汁＋蜂蜜，小火煮至質地濃稠勻柔即可。

午。

乾拌麵

這幾年雖說一年比一年忙碌，然因工作性質越來越偏向靜態，不必要的活動與外出都盡量推卻或避免；因此，反而「宅」在家裡的時間竟也跟著越來越長。人宅在家，外食也就少了，大部分得靠自己打理煮食。

工作已然分身乏術，自是不可能有時間費神精細做菜，特別中午時分更是一切從簡，務求三兩下快速打發，好能儘快奔回電腦前繼續奮戰。

只是，天生貪饞挑嘴個性，從小到大菜餚不夠美味，等閒不輕易入口；故而，雖說是「三兩下快速打發」，對於食物素來從不敷衍遷就的刁鑽脾性，卻還是自有幾分講究和堅持在。

於是幾年下來，也漸漸琢磨出一些以各款上選食材與調味料奠定美味基礎，再藉由各種技巧有效節省工序，遂可以短短十分鐘內簡單完成的私房懶人快手午餐。

這其中，各種口味乾拌麵應可算最頻繁登場的要角。

大愛乾拌麵——沒有熱騰騰湯湯水水吃得人左支右絀揮汗如雨，爽爽淨淨暢快俐落；尤其自家製作時的那份快速爽利勁兒，更是深得我心。

每每忙亂裡一晃眼已過中午吃飯時分，驚覺差點又錯過此頓之際，趕緊打開冰箱，略斟酌排列組合後，一邊兒開始煮水燙麵，一邊兒洗洗切切幾樣蔥花青菜醃菜，幾種佐料醬料配一配調一調……麵一燙好，手起麵落、一筷子兩三下拌勻了，一碗噴香好味、且外頭絕對吃不到的獨家乾拌麵就這麼立即上桌！

不過說真的，這過程雖看似迅速簡單，但出乎百年顛撲不滅料理法則：簡到極致，各種素材配料調味調料的個別個性表情反而加倍鮮明突出，好壞高下無所遁形；遂而要求快、求不費工費力，便一點不容敷衍。

所以，打開我的冰箱與儲藏櫃，滿架滿櫃盡是為我的私房快手乾拌麵們所蒐羅囤積、來自大江南北世界各地的好貨好料。首先醬料，定得以多年來膾炙人口影響深遠的我的「無敵乾拌麵三元素」為基底。

這三元素，其實都屬廚房必備醬料：醬油、米醋、白麻油，一人份比例為1大匙：1/2大匙：1/2大匙混合入麵。

看似平凡無奇，卻是耗費長時間逐步一一琢磨打造成形。早期雖曾一度以「百裡挑三」之市售品對付，卻總覺未臻完美。後來乾脆借助自家PEKOE鋪子之力，找了可信賴工坊協助量身訂製：台灣本產素材、古法陳釀或烘焙壓榨，全不加任何人工添加物，醬油調味還是咱甜潤芳香台南味，米醋則是陶缸熟成六年……長達數年心血投入，方才將風味配方全確定下來，成為咱家廚房不可或缺之首要戰力。

有這三元素奠基，接下來變化可就無限寬廣了，麻醬炸醬辣醬XO醬辣油豆腐乳、榨菜酸菜醬瓜梅乾蘿蔔乾等各種嚴選醬料醃菜；佐上同為PEKOE自行開發引進的各類寬窄粗細日曬麵條麵線，不費吹灰之力，便是心滿意足一餐！

二〇一四

4月24日（四）

蔥花榨菜辣味麻醬乾拌麵

佐餐飲料：溫酸橘汁

餐後甜點：黑珍珠蓮霧切盤

我的獨家拌麵步驟：榨菜等略帶鹹味的醃菜漬物最先放——切細後先和蔥花等香辛料一起擺入碗底，順手淋上滾沸的煮麵水稍微浸燙一下，再淋醬放麵進行其他拌和動作，能令材料精華盡入汁裡麵裡，好吃加倍！

食譜

蔥花榨菜辣味麻醬乾拌麵：碗公裡放入切好的蔥花、榨菜，淋上一兩湯匙煮麵水略浸漬一下；再調入醬油、麻油、醋、辣油與芝麻醬混合均勻，倒入煮好的麵條與青菜拌勻，即可享用。

二〇一六
10月9日（日）

柚香椒麻豆腐乳小黃瓜拌麵

佐餐飲料：蘋果冬瓜茶
餐後甜點：巨峰葡萄

食譜

柚香椒麻豆腐乳小黃瓜拌麵：蔥花、椒麻豆腐乳、醬油、麻油、醋、柚子胡椒與一兩湯匙煮麵水混合均勻，倒入煮好的麵條、鋪上切絲的小黃瓜拌勻，即可享用。

二〇一七
3月24日（五）

辣味皮蛋拌麵

佐餐飲料：溫紅棗醋飲
餐後甜點：蘋果切盤

食譜

辣味皮蛋拌麵：蔥薑蒜末和切碎的皮蛋、醬油、麻油、醋、辣油與一兩湯匙煮麵水調勻，拌入煮好的麵條和青菜，即可享用。

二〇一五

1月9日（五）

家常酸辣抄手

佐餐飲料：溫蜂蜜醋飲
餐後甜點：珍珠芭樂切盤

習慣在冰箱裡凍存一些餃子或餛飩，簡單煮熟了，快手以醬料一拌，三兩下又是簡便豐盛一餐！

食譜

家常酸辣抄手：依前述步驟將蔥花、榨菜、一兩湯匙煮麵水與醬油、麻油、醋、辣油，依照自己喜歡的比例調勻，拌入煮好的餛飩與青菜，即可享用。

二〇一六

12月24日（六）

醬燒豆乾拌麵

佐餐酒：希臘 Santorini Domaine Sigalas Assyrtiko 2014 白酒
餐後甜點：梨山蜜蘋果切盤

食譜

醬燒豆乾拌麵：少許油爆香蔥段，放入切丁的豆乾炒香，淋入適量醬油、麻油、醋與豆瓣醬，略燒至入味，拌入煮好的麵條和青菜，即可享用。

二〇一四
11月12日（三）

薑香黑麻油拌麵線

佐餐茶：金萱烏龍茶
餐後甜點：蘋果切盤

可算我的忙／懶料理中最快速的一道。尤其冬日午餐時分，短短花個幾分鐘來上一碗麵線，真箇是輕鬆溫暖又滿足。

步驟簡單到幾乎不好意思傳授，但因材料皆屬上選，配方極簡，卻噴香美味得令人次次驚奇。

有時，一人吃飯偷懶過頭，乾脆直接連碗帶料加蓋送進微波爐裡爆香……不僅香氣滋味不減，花費時間更短，最棒是連洗鍋都省了，且還一點不見油煙，真是太方便了！

食譜

薑香黑麻油拌麵線：鍋裡放老薑片、蔥花、黑麻油，小火爆至噴香，淋上醬油，倒入煮好的麵線與青菜拌勻，即可享用。

炒米粉&米粉湯

說老實話，明明可稱台灣料理代表，也是我的最愛家鄉味之一，但炒米粉頻繁出現在我家餐桌上，算算只不過約十年時間。原因在於，委實受不了已成今日主流，為使口感Q彈、保存運送容易、翻炒不易斷裂、並降低成本等目的而添加，甚至全替換為玉米澱粉的市售品。

早從年輕時第一次接觸便覺驚駭——沒有任何香氣味道！簡直塑料品一樣，雖然咬著彈牙，但即使借助外力強硬烹煮入味，依然越嚼越覺寡味無聊，且還胃脹難消化。

執著追求原味真味、且還極度耽戀米香米味的我，哪裡受得了這樣的磨折；外食固然如臨大敵能避就避，自家廚房卻不甘就此放棄。多年尋尋覓覓、換了又換，直至後來，大費周章找著了百分百純粹本產在來米製造的純米米粉，並借助自己的食品雜貨鋪PEKOE的進貨之力，將產量、來源與品質就此確立固定下來，才終於能夠高枕無憂。

有了心滿意足素材，多年壓抑一掃而空，彷彿大爆發一樣，米粉立即成為咱家經常登場的家常料理，從炒、拌到入湯，怎麼吃都不膩。

純米米粉之優越，只要嚐過就知道。純米特長，風味夠溫潤芳醇卻也夠豐盈飽滿，柔嫩細緻口感尤為迷魅；與任何配料佐搭都能精采交融、烘托同時還能相互輝映發光。

最棒是快煮易熟。事先不用浸泡川燙，也不用費時熬煮，一下鍋沒幾分鐘就綿柔噴香，比速食麵還快，對忙／懶煮婦如我簡直天賜恩物。

這其中，特別是最能展現美味、最富變化的炒米粉更是最愛；不管怎麼隨興搭配組合都好吃，摯愛之深，一兩週沒見便要念想。尤其每趟長程旅行歸來，更得找時間快快來上一盤／碗。

至於一般抱怨最多、普遍公認為純米米粉一大缺點的易碎不耐翻炒特性，其實只要方法掌握得當，過程步驟稍微留意、手腳輕些便全不是問題——以我的長年習慣，咱家炒米粉與其說是「炒」，其實更近似「燒」：先將所有食材以適量油炒過、加足水分煮沸、完成調味後才下米粉，一見單面熟軟便用鏟子一翻、同時以筷子將之輕輕抖鬆撥散，煮透並收乾湯汁後隨即快手起鍋。

省時快速且均勻入味，最棒是清爽不油膩，正合口味。

二〇一五

12月20日（日）

黑豬肉蝦米香菇炒米粉

佐餐飲料：溫梅子醋飲
餐後甜點：柳丁切盤

- 雖生性挑嘴怕膩、頗愛追新求變化，但在我心目中，各種炒米粉材料裡，最是經典不二配方，當非黑豬肉、蝦米、香菇——炒米粉之基礎三元素莫屬，正宗台灣家鄉味，無可取代！
- 比起盤子來，我也愛用碗公裝炒米粉，總覺得有一種大口痛快享用的豪爽感，加倍美味！

食譜

黑豬肉蝦米香菇炒米粉：適量油炒香蔥段，加入蝦米、以醬油略醃過的黑豬肉絲與泡發切片的香菇續炒，加入多量水與適量醬油、醋、麻油拌勻，煮沸後，加入純米米粉，兩面略煮幾分鐘至熟軟，拌入綠葉蔬菜，即可享用。

二〇一五
3月20日（五）

● 黑豬肉香菇蝦米金瓜炒米粉

佐餐茶：冷泡台灣木柵正欉鐵觀音
餐後甜點：奇異果切盤

食譜

黑豬肉香菇蝦米金瓜炒米粉：適量油炒香蔥段，加入蝦米、以醬油略醃過的黑豬肉絲與泡發切片的香菇續炒，放入去皮切絲的南瓜再炒一下，加入多量水與適量醬油、醋、麻油拌勻，待南瓜絲燒軟後，加入純米米粉，兩面略煮幾分鐘至熟軟並收乾湯汁，即可享用。

二〇一七
8月13日（日）

● 黑豬肉蝦米香菇扁蒲炒米粉

佐餐酒：阿根廷 Mendoza Catena Chardonnay 2016 白酒
餐後甜點：桂味荔枝

● 如扁蒲、絲瓜這類甘香多汁的夏季瓜類，和純米米粉特別搭配；步驟和金瓜米粉幾乎一樣，飽吸了甜美瓜汁，芳潤美味得令人恨不能多吃幾盤！

二〇一六
1月31日（日）

櫻花蝦黑豬肉地瓜時蔬炒純米米粉

佐餐酒：台灣啤酒頭「大暑」IPA啤酒
餐後甜點：塔斯馬尼亞櫻桃

地瓜季，家裡來了一大箱地瓜，心血來潮拿來取代南瓜炒米粉看看，果然鬆香甜美、一點不輸金瓜米粉，好吃！

啤酒頭另一作品。茉莉花與杏桃、柑橘香氣習習，風味與苦味鮮明。雖名「大暑」，冬天喝其實也合適。

二〇一七
3月11日（六）

辣味香菇四季豆牛肉炒米粉

佐餐酒：美國 Anchor Flying Cloud San Francisco Stout 啤酒
餐後甜點：大湖草莓

雖說以黑豬肉、蝦米、香菇組成的傳統炒米粉是我的最愛；不過其實平素餐桌上，最常登場的往往是手邊有什麼就扔什麼的隨興亂炒版——不過，這也正是家常炒米粉的魅力吧！信手拈來，自成美味。

二〇一六
10月1日（六）

番茄小白菜杏鮑菇辣炒米粉

佐餐酒：法國隆河 Domaine Saint-Damien Gigondas Vieilles Vignes 2011 紅酒
餐後甜點：駱師傅的白水陳高冰淇淋

番茄雖非傳統台式米粉湯之常見材料，然我卻覺得，番茄明亮的酸香，和純米米粉含蓄的幽香著實絕配！

尤其此頓，搭上小白菜和冰箱冷凍庫常備、婆婆給的滷杏鮑菇，興之所致再淋上一瓢辣油……顏色一派繽紛，味道則樸素扎實中透著活潑辛香，忙碌當口來上一盤，實屬無上療癒之方。

食譜

滷杏鮑菇：杏鮑菇＋蠔油＋水和幾片生薑一起煮十幾分鐘後，連汁一起靜置入味，吃之前切片盛盤即可。

隆河各區中，相對優雅的 Gigondas 算是比較喜歡的產地。果然此款較無一般常有的甜濃感，柔滑圓潤中，果香果味俱清新。

二〇一七

1月13日（六）

櫻花蝦香菇黑豬培根三蔥香菇炒米粉

佐餐酒：法國布根地 Domaine Jacques Carillon Les Champs Canet Puligny Montrachet Premier Cru 2014 白酒

餐後甜點：芭蕉切盤

食譜

櫻花蝦黑豬培根三蔥香菇炒米粉：適量油炒香青蔥段、洋蔥以及珠蔥，放入櫻花蝦、切細片的培根與香菇續炒，加入多量水與適量醬油、醋拌勻煮沸，加入純米米粉，兩面略煮一下至熟軟，即可起鍋享用。

因素來喜愛酸瘦爽勁白酒，遂而布根地 Montrachet 向來喝得少，但近年來卻越來越能欣賞這迷人的珠圓玉潤口感。以此款言。雖於橡木桶中發酵、陳年，但桶感幽微，反是花香果香礦石味極是豐富明亮；佐搭略偏濃味的菜餚，既爽口又相得益彰！

二〇一六

10月30日（日）

狗母魚丸蘿蔔乾菠菜米粉湯

佐餐酒：蘇格蘭 Bruichladdich Islay Barley Unpeated 2009 highball

- 比炒米粉更輕盈清爽，則是米粉湯。一點不需濃厚複雜，大骨高湯、魚丸、青菜，至多加些許蘿蔔乾提點鹹鮮，幽幽米香盡入湯頭裡，十足台味之親切家常。

二〇一五

12月20日（日）

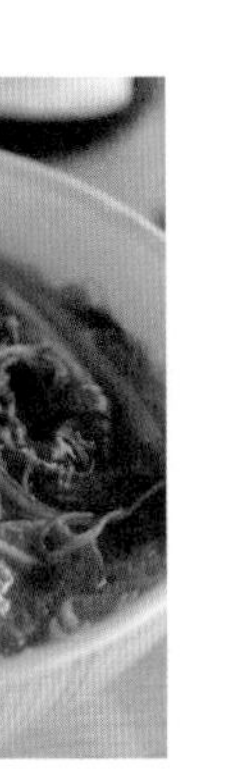

酸菜鴨肉米粉湯

佐餐酒：日本秋田出羽鶴 飛翔の舞 大吟釀

佐餐酒：牛奶蜜棗切盤

- 酸菜鴨肉冬粉，經典台灣小吃，改以純米米粉代冬粉，別是另番豐美味道。

食譜

酸菜鴨肉米粉湯：少許油爆香蔥段，放入切片的鴨胸肉略煎，再入切碎的酸菜炒香，注入高湯煮沸，加入燙過的純米米粉和青菜略煮入味，以醬油調味，即可享用。

炒麵&乾燒麵

中午吃麵、晚上吃飯，幾乎已成不作它想的多年家常飲食習慣。一來午餐向來量少，簡簡單單一碗麵，輕鬆無負擔，二來煮麵比炊飯烹菜俐落快速得多，正合忙碌白日步調。

而乾拌麵、炒米粉之外，想吃得稍微濃厚些，就換炒麵登場。由於口味清淡緣故，外頭吃飯極少點炒麵；但家裡吃飯就全無這顧慮，油少少、水分多放，一樣清爽。

有時若麵體耐煮，便改成乾燒，連炒帶燒一鍋而就，雖少了炒麵的爽利，卻多了濃稠口感與飽滿麵香，也頗討好。

二〇一七
3月18日（六）

家常什錦咖哩炒波浪麵

佐餐酒：梅乾燒酎加冰
餐後甜點：蜜李切盤

・基隆街頭常見咖哩炒麵，頗能反映這城市的港都混融性格，每回碰見都不覺微笑。但與其街頭吃，相較下更愛自己做，少放油之外，用平日喜歡慣用的咖哩香料來炒，更合口味。

食譜

家常什錦咖哩炒波浪麵：少許油爆香切細的蒜頭與洋蔥，依序放入蝦米、黑豬肉絲與切片蘑菇炒香，放入燙熟的波浪麵再炒一下，灑上適量咖哩粉、淋入醬油拌勻，埋入小白菜，待青菜轉熟，即可起鍋享用。

二〇一六
4月30日（六）

番茄榨菜雞肉青菜炒關廟意麵

佐餐酒：台灣啤酒頭「立秋」啤酒
餐後甜點：蘋果切盤

・咱家負責擺盤的另一半近來走火入魔，連家常炒麵都照義大利麵方式擺——與其說美觀……咳，炒麵好像還是隨興凌亂些，看起來比較有感。

二〇一八

5月1日（六）

香菇雞肉蝦米蘿蔔乾刺瓜炒麵線

佐餐酒：自家隨手調酸橘薑香威士忌氣泡飲

餐後甜點：拉拉山水蜜桃切盤

平常麵線不是入湯便是乾拌，極少熱炒。直到沖繩旅行時驚喜邂逅，就此愛上那細爽勁道。回家後偶而做，卻多半不採常以罐頭肉魚為主角的沖繩配方，而如台式炒米粉般，手邊有什麼就炒什麼，踏踏實實家常味，分外回甘。

食譜

香菇雞肉蝦米蘿蔔乾刺瓜（大黃瓜）炒麵線：適量油爆香蔥段與蒜丁，依序放入蝦米、雞絲、泡軟的香菇、蘿蔔乾與刺瓜絲陸續炒香，倒入燙過的麵線拌勻，再入以泡香菇水、醬油、麻油、少許醋調和而成的醬汁拌勻，略煮入味，即可享用。

家中來了些薑汁汽水，兩人都不愛那甜甜味道，遂乾脆用以調酒。加入酸橘汁與些許威士忌，自覺喝著不錯；結果上桌後，另一半抱怨酒味不夠，依他指示大幅加碼，調成濃烈烈一杯，果然暢快。飲罷大醉——咳，話說，雖是假日，但此刻天還大亮，這麼放縱可以嗎？

二〇一五
2月11日（三）

乾燒辣味肉燥波浪麵

佐餐飲料：溫紅棗醋飲
餐後甜點：梨山蜜梨切盤

食譜

乾燒辣味肉燥波浪麵：深鍋中入蔥末、肉燥醬、醬油，加適量水煮滾後，加入已先煮至將熟的波浪麵，燒至入味，淋入辣油，再入青菜拌勻即可。

二〇一八
6月17日（日）

乾燒香菇泡菜蒜苗波浪麵

佐餐酒：台灣 Buckskin 柏克金德式小麥啤酒
餐後甜點：黑葉荔枝

● 比起乾拌或入湯，關廟波浪麵最喜歡還是乾燒。食材醬料滋味盡入麵體中，且還完整保留麵味麵香，好吃極了！

煨麵&湯麵線

午間時分，想來點飽飽暖暖，同時慰藉味蕾與身體與心靈的美味時，通常，我會為自己煮上一碗熱騰騰的湯麵。

而最能信手拈來、二十分鐘內便可三兩下迅速完成，則非快手煨麵莫屬——全不需大費周章精心刻意，光就是手邊現存材料與高湯隨興組合、一鍋裡簡單炒煮而就，信手拈來家常味道，已夠美味滿足。

一路煮一路吃過來，多少還是累積了些許習慣的作法：比方材料盡量以各式蔬菜為主角，湯頭清鮮清甜不說，工作忙碌時刻，無論如何多攝取些蔬菜總是好的；比方選一兩樣爆香作料，蔥段、洋蔥、蒜頭、乾香菇、榨菜、酸菜、醬瓜……頗能增味添香。

還有，偶而可試試用一種口味稍重的材料做最後調味，味噌、咖哩、泡菜、蕃茄糊……平添幾分異國風味。

一碗裡有湯有麵有料，熱呼呼燒燙燙歡喜放懷扒上一碗，肚子飽飽之外，冬天暖烘烘、夏天痛快大汗淋漓，煞是過癮！

二〇一八
7月19日（四）

蔥開煨麵

佐餐飲料：蜂蜜檸檬醋氣泡飲
餐後甜點：水蜜桃切盤

明明逼人酷暑天氣，卻沒來由地想吃熱湯麵。手邊工作忙得不可開交，遂快手來碗最經典也最簡單的蔥開煨麵；且一反平日習慣，偷懶不先燙麵，直接麵乾入鍋煮至軟熟，結果湯頭濃稠麵味足口感佳，比過往更好。果然飲食裡的簡單之妙，委實玩味不盡哪！

食譜

蔥開煨麵：多量蔥段以適量油小火煸至金黃微焦，灑入蝦米略炒，倒入酒、醬油與高湯拌勻煮至香味散發，加入麵條煮至喜歡的熟度，放入青菜略燙，即可起鍋享用。

二〇一五

9月28日（一）

榨菜肉絲煨麵

佐餐酒：梅酒燒酎

餐後甜點：黑珍珠蓮霧切盤

食譜

榨菜肉絲煨麵：少許油爆香蔥段與少許辣椒，放入榨菜絲略炒，再入以醬油略醃過的豬肉絲炒香，倒入高湯煮沸，放入燙至七八分熟的麵條煨至熟軟，嚐一下味道，若不足再以鹽調味，即可享用。

二〇一六

3月16日（三）

蔥香瓜仔黑豬肉煨麵

佐餐飲料：溫紅棗醋飲

餐後甜點：西洋梨切盤

以醬瓜入麵，多幾分台味，更熟悉親切。

二〇一五

8月6日（四）

柚香魚露番茄蛋花小白菜煨麵

佐餐茶：冷泡秋摘大吉嶺紅茶

餐後甜點：水蜜桃切盤

家常番茄蛋花麵，興之所致，隨手淋了魚露入鍋，再點上些許柚子胡椒，煮成頗有雜匯風格的一碗；結果竟出乎意料之外地合味，熱騰騰酸香微辣下肚，好舒服哪！

食譜

柚香魚露番茄蛋花小白菜煨麵：少許油爆香蔥段，放入切小丁的番茄炒至熟軟，以鏟子推至一側，再入少許油燒熱，淋入蛋液，切炒成碎蛋狀，倒入高湯煮沸，以魚露與柚子胡椒調味，放入燙至七八分熟的麵條煨至熟軟，即可享用。

二〇一五

2月28日（六）

● 椒麻雞肉煨麵

佐餐酒：法國布根地 Jean-Paul & Benoit Droin Valmur Chablis Grand Cru 2010 白酒

餐後甜點：黑珍珠蓮霧切盤

● 偶而也想來點麻麻辣辣重口味……

食譜

椒麻雞肉煨麵：蔥薑蒜辣椒切細、和花椒一起入鍋以少許油炒香，再入以醬油略醃過的雞肉炒一下，倒入適量雞高湯煮沸，放入煮至七八分熟的麵條煮軟，放入青菜燙一下，以醬油、鹽和少許醋、辣油調味，即可享用。

二〇一八

1月28日（日）

● 薑香辣味噌番茄培根蔬菜煨波浪麵

佐餐酒：法國布根地 Louis Jadot Beaune 1er Cru Monopole Clos des Ursules 2013 紅酒

餐後甜點：水梨切盤

● 冷颼颼天氣，將各種濃味食材調味料共冶一鍋煨麵，一頓吃得飽飽暖暖，再痛快不過！

二〇一八

4月8日（日）

家常什錦麵

佐餐酒：威士忌 & Ginger Ale 特調

餐後甜點：黑珍珠蓮霧切盤

日前清明潤餅宴剩下一些油麵，遂做了什錦麵。作法其實與日常煨麵沒什麼兩樣，只是換成香菇、蝦米、魚丸、鮮蝦、大骨湯等台味材料。果然一如所料，缺了館子裡攤子上唯猛油旺火方能造就的鑊氣與噴香，但相對也較不油膩，溫和溫潤裡，別是另番清爽好味道。

二〇一四

10月29日（三）

酸白菜肉絲湯麵

佐餐飲料：烏梅氣泡飲

餐後甜點：西洋梨切盤

食譜

酸白菜肉絲湯麵：蔥段和蒜丁以少許油爆香，放入以醬油略醃過的豬肉絲炒一下，再放入切絲的酸白菜續炒，加入適量高湯煮滾，適度調味，與燙好的麵條和青菜一起盛入碗中，即可享用。

烏梅氣泡飲：烏梅汁＋氣泡水＋冰塊，調勻即可。

二〇一四
7月13日（日）

家常香辣紅燒蔬菜牛肉麵

佐餐酒：蘇格蘭 Talisker 175th Anniversary 單一麥芽威士忌 highball
餐後甜點：紅白櫻桃

- 牛肉麵在我家也屬簡單家常隨手做。通常蔬菜比肉多得多，香辛料也用得少，一點花椒與胡椒，便已覺足夠噴香。單純淨爽，是我喜歡的風格。
- 難得買到正港產銷履歷本產純種黃牛肉，果然香濃！

食譜

家常香辣紅燒蔬菜牛肉麵：少許油爆香蔥薑蒜片，放入多量切絲的洋蔥炒至熟軟，一面拌炒一面依序放入切塊的牛肉與蔬菜（只要香甜耐煮的都可以）加少許辣油或辣醬拌勻，淋入適量醬油略滾出香味，加入足量高湯，放入花椒與胡椒粒（可以小布袋盛裝），大火煮滾後轉小火熬煮至牛肉軟熟。淋於煮好的麵條上，灑入切碎的蔥花，即可享用。

二〇一七

9月17日（日）

蝦米鮮菇絲瓜湯麵線

佐餐酒：美國 Anchor Dry-Hopped Steam 啤酒

餐後甜點：甜桃切盤

一眾麵條中，特別喜歡麵線，湯裡煨得稍軟，麵線糊一般的質地，十足懷念家鄉味。至於口味，尤以清甜香軟絲瓜最是情鍾，各種不同搭配輪番上桌，痛吃一整季也不膩。

食譜

蝦米鮮菇絲瓜湯麵線：少許油爆香蒜丁與蔥段，加入蝦米炒一下，再入切片的鮮香菇略炒，倒入切半圓片的絲瓜續炒，加入適量高湯煮沸，放入燙至七八分熟的麵線略煮，嚐一下味道，若不足再以鹽調味，即可享用。

二〇一六 8月27日（六）

香蒜蜆仔絲瓜湯麵線

佐餐酒：台灣啤酒頭「大暑」啤酒

餐後甜點：旦蕉

二〇一六 5月29日（日）

鹹蛋蝦米絲瓜湯麵線

佐餐酒：澳洲 Taylors Clare Valley Riesling 2014 白酒

餐後甜點：土芭樂切盤

• 心血來潮，在絲瓜與蝦米之外又加了鹹蛋，果然風味更顯濃醇香美，好吃！

食譜

鹹蛋蝦米絲瓜湯麵線：少許油爆香蒜丁與蔥段，加入蝦米炒一下，再入去殼切碎的鹹蛋炒香，倒入切半圓片的絲瓜略炒，加入適量高湯煮沸，放入燙至七八分熟的麵線略煮，嚐一下味道，若不足再以鹽調味，即可享用。

二〇一六
9月30日（五）

香蒜破布子絲瓜湯麵線

佐餐茶：冷泡日本丸八製茶場加賀玄米茶
餐後甜點：香蕉切盤

● 破布子多用來蒸魚，我獨愛取以烹蔬菜，特別各種瓜類最是出色，清甜甘鮮，絕配！

二〇一六
7月30日（六）

鴨皮蝦米扁蒲湯麵線

佐餐酒：澳洲獵人谷 Mount Pleasant Florence Sauvignon Blanc 2012 白酒
餐後甜點：水蜜桃切盤

● 比起絲瓜來，扁蒲之清甜似乎較顯含蓄樸實，同樣喜歡！

二〇一八
2月24日（六）

蔥蒜枸杞瓜仔雞肉湯麵線

佐餐酒：義大利 Danese Delle Venezie Pinot Noir 2012 紅酒
餐後甜點：福岡博多あまおう草莓

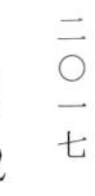

二〇一七
4月12日（三）

蔥薑小卷湯麵線

佐餐飲料：溫檸檬蜂蜜醋飲
餐後甜點：蓮霧切盤

二〇一七
3月8日（三）

快手版蔥薑黑麻油雞湯麵線

佐餐飲料：溫梅子醋飲
餐後甜點：黑珍珠蓮霧切盤

天生體寒怕冷的我，每逢上低溫，總是特別喜歡吃點溫潤滋補的老薑&黑麻油料理；尤其午餐時分來碗湯麵線，暖烘烘又飽足。

白日工作忙碌，當然沒這閒功夫與耐性慢火熬燉，遂而在咱家，麻油雞湯麵線向來都是貪懶偷工快手版——說穿了其實很簡單，捨雞塊改用去骨雞肉、並以凍存高湯增味，省時省工。

而早年為了不影響下午工作，做的都是無酒版，卻總覺少了些味道。後來實在饞不過，忍不住還是倒了米酒下鍋……結果，不知是引火燃去酒精夠徹底，還是歷練多年酒量終於變好，一碗吃空，竟全無昏倦感；總之，多了此味倍加香濃，當然樂有酒為伴。

食譜

蔥薑黑麻油雞湯麵線：炒鍋中放黑麻油、蔥段與老薑片小火爆香，再入切塊並以醬油略醃過之去骨雞腿肉炒至雞肉變色，淋上米酒，引火燒去酒精，倒入適量雞高湯，煮至雞肉熟透，放入青菜和已事先煮熟的麵線，嚐一下味道，若不足再以鹽調味，即可享用。

二〇一五

3月2日（一）

薑香黑麻油蝦湯麵線

佐餐飲料：溫檸檬醋飲
餐後甜點：梨山蜜梨切盤
餐後茶：黃枝香鳳凰單欉

覺得冷，想吃麻油雞湯麵線，偏偏家中雞肉庫存已然告罄，於是替換為蝦子，結果還挺有奢華感。後來還嘗試改以向來與海鮮頗和合的威士忌入鍋，比米酒更柔雅甜潤、香氣也足，別是另番風味。

食譜

薑香黑麻油蝦湯麵線：炒鍋中放黑麻油、老薑片小火爆香，放入蝦子兩面煎香，淋上米酒或威士忌，引火燒去酒精，夾出蝦子放置一旁，倒入適量雞高湯煮沸，放入青菜、已事先煮熟的麵線和蝦子再煮一滾，嚐一下味道，若不足再以鹽調味，即可享用。

烏龍麵&湯素麵

日式烏龍麵也是咱家的快手麵食。特別柴魚昆布高湯為底的清湯麵更是鍾愛——連事先備高湯都不用，手邊現成之品質上選高湯袋，茶包般的設計，扔入沸水中煮幾分鐘即成，要更偷懶，甚至連同樣也是慣用多年的瓶裝高湯濃縮汁也可對付。

有了高湯，略事調味後，接下來就是不斷將食材依照熟透與入味速度順序往裡扔就好。三兩下一鍋煮就，滋味清淡雋永，一樣回味無窮。

二〇一七
3月3日（六）

● 鮮蝦豆皮鴻喜菇大蔥烏龍湯麵

佐餐飲料：可爾必斯風瑪格麗特調酒
餐後甜點：珍珠芭樂切盤

● 我的烏龍湯麵小撇步：先以少量高湯與醬油將豆皮與大蔥等耐煮材料煮入味，之後加水或高湯到足量，滾沸後再下其他易熟材料和麵條，風味口感更豐富有層次。

食譜

鮮蝦豆皮鴻喜菇大蔥烏龍湯麵：少量昆布柴魚高湯（約至可略淹過豆皮的高度）與醬油煮沸，放入切段的大蔥、豆皮、鴻喜菇續煮至入味，再加水或高湯到足量，煮沸後，加入預先燙熟的烏龍麵條再滾一下，即可享用。

二〇一四

1月11日（六）

香煎鴨肉鴻喜菇菠菜烏龍湯麵

餐後甜點：黑珍珠蓮霧切盤

青蔥鴨肉烏龍麵（鴨南蛮うどん，「南蠻」為蔥之意），日本烏龍麵裡頗經典的一道，也是愛鴨肉也愛烏龍麵如我的必點。遂而在家也頗常以鴨肉配烏龍麵，尤其喜歡直接以煸出的油脂煎蔥，噴香不油膩，爽口討喜。

食譜

香煎鴨肉鴻喜菇菠菜烏龍湯麵：帶皮鴨胸肉切片、以鹽略醃，入鍋煸出油脂，夾出備用；再放入蔥段煎香，倒入昆布柴魚高湯煮沸，加入鴻喜菇略煮入味，最後放入預先燙熟的烏龍麵條與青菜再滾一下，即可享用。

二〇一六
11月6日（日）

梅乾山藥泥金針菇菠菜烏龍湯麵

佐餐茶：蘋果烏龍冰茶
餐後甜點：芭蕉切盤

● 煮好的金針菇烏龍湯麵上鋪以磨泥的山藥與一顆梅乾，簡單清淡卻有滋有味的吃法，大愛！

二〇一四
10月5日（日）

香菇雞肉麻糬烏龍湯麵（力うどん）

佐餐酒：義大利薩丁亞 Cantina Gallura Piras Vermentino di Gallura DOCG 2011 白酒
餐後甜點：恐龍蛋切盤

● 讀完《深夜食堂13》，最垂涎就是這味。剛好家裡有新潟魚沼產的麻糬，興致一來便隨手做做看。果然，飽吸了湯汁的烤麻糬好好吃！和義大利白酒也合。

始終認為日本料理向來最厲害便是這種看似樸素清淡卻很有個性的搭配，超滿足！

二〇一七
2月11日（六）

柚子胡椒泡菜牛肉蔬菜烏龍湯麵

佐餐酒：台灣艾爾啤酒桂圓黑啤酒
餐後甜點：信義鄉豐丘之黑火炭巨峰葡萄

- 依然是冰箱現有材料之隨手組合，大大驚喜是——柚子胡椒和韓式泡菜超搭！

食譜

柚子胡椒泡菜牛肉蔬菜烏龍湯麵：少許油爆香蔥段，放入韓式泡菜炒香，再入以醬油略醃過的牛肉絲略炒，注入適量高湯與醬油煮開，入金針菇略煮，調入少許柚子胡椒拌勻，加入預先燙熟的烏龍麵條和青菜，即可起鍋享用。

二〇一六

12月31日（六）

雙蔥雞肉蔬菜咖哩烏龍麵

● 第一次吃到咖哩烏龍麵，記得是二十年前一次東京旅行。返台前最後一夜，旅館旁信步走入一家人聲鼎沸的餐廳，典型日本B級美食類型小館，賣的食物有各種丼飯、烏龍麵、關東煮和小菜。

就這麼隨興點了一碗咖哩烏龍麵——對當時的我來說，咖哩與日式高湯的攜手，真是一種神秘不可解、且充滿新奇創意的配方，據說，日本人最喜歡在酒後或著涼時來上一碗，頗有醒神取暖之效。

那日，好大一碗公端過來，小心翼翼（聽說這道麵食在最容易濺髒衣服的食物排行榜上高踞榜首）挾一筷入口，嗯，好特別！咖哩與柴魚風味初時像是兩向對立，然而，第二口、第三口，竟奇異地漸漸水乳交融起來，日式高湯的柔軟包裹著香料的辛香，既溫和又有個性，當下完全傾倒。

回台後，在渴切的想念下，憑著味蕾上的記憶以及看過幾次日本美食電視節目的介紹，嘗試就手邊既有材料試著做做看，竟是出乎意料之外地簡單上手，就此成為家常麵食，時時躍上餐桌；特別感冒時分，更是非得快快來上一碗。

佐餐酒：英國 Fuller's Montana Red 啤酒
餐後甜點：梨山有機蜜蘋果切盤

療癒感冒的咖哩烏龍麵和平常有點不一樣：咖哩粉習慣調得稍微厚重但溫和不辛辣，青蔥洋蔥蒜頭則盡量多放……且不說香辛料功效，不知是否心理作用、或純粹香氣上味蕾上多多少少有些提振，熱呼呼香濃濃一大碗吃下，舒服不少！

● 咱家的日式咖哩菜餚通常習慣使用兩種不同咖哩粉：一種辛香辛辣，於炒料時先加；另種含麵粉，味道溫和柔潤、且可使質地濃稠，於起鍋前溶入。可視需求自行選擇搭配，若用的是市售咖哩塊，則於起鍋前加入。

食譜

雙蔥雞肉蔬菜咖哩烏龍麵：蒜頭、洋蔥、青蔥切細，以少許油小火炒至熟軟，加入以醬油略醃過的雞肉炒至半熟，灑入純咖哩粉拌勻，倒入適量柴魚昆布高湯煮沸，放入燙好的烏龍麵略煮入味，放入另款含麵粉之咖哩粉拌勻，加入青菜燙一下，以適量醬油調味，即可享用。

二〇一七
5月20日（六）

番茄雞片蔬菜綠咖哩烏龍麵

佐餐酒：義大利薩丁尼亞 Murales Lumenera Vermentino Di Gallura 2014 白酒 & 美國加州 Beringer Vineyards Napa Valley Merlot 2014 紅酒

餐後甜點：奇異果切盤

咖哩烏龍麵吃多了，總愛想方設法換口味如我，一時突發奇想，若改用泰式綠咖哩醬不知如何？一試之下果然出色——雖是泰日混血，綠咖哩、椰子油和醬油、昆布柴魚高湯卻是驚人地和合，既勁辣噴香又溫潤鮮美。尤其這回，特意放了許多蔬菜提點甘甜，加上番茄活潑潑的果酸，更是美味加倍！

食譜

番茄雞片蔬菜綠咖哩烏龍麵：蒜頭、洋蔥、青蔥切細，以少許油小火炒至熟軟，加入以醬油略醃過的雞肉炒至半熟，加入小番茄、切片的黃櫛瓜等蔬菜再炒一下，灑入泰式綠咖哩醬拌勻，倒入適量柴魚昆布高湯煮沸，放入燙好的烏龍麵略煮入味，以適量醬油調味，即可享用。

不知是否這混融組合提高了搭配寬廣度，兩款紅白酒不僅都能相佐，還交織出一清芬一甜醇風味，同樣精采！

二〇一七 11月2日（四）

溫湯素麵佐日本梅乾、柚子胡椒、蔥花&青菜

佐餐飲料：冷泡印度大吉嶺夏摘茶
餐後甜點：蘋果切盤

● 奈良旅行的深刻體會：吃上好三輪素麵，越是極簡越是美味。夏日當然沖涼冰鎮後直接沾醬汁吃；冬天，就單單純純浸入清澈日式高湯中，至多添點配料，爽淨溫暖，回味悠長。最重要是一點不花工夫，忙碌煮婦剛好得著藉口偷懶。

二〇一八 1月14日（日）

梅乾昆布柳松菇茼蒿溫湯素麵

佐餐酒：自家隨手調之橙味香艾梅酒蘇打
餐後甜點：柳丁切盤

● 若嫌溫湯素麵太清淡，那麼，就在昆布柴魚高湯裡再多加些醬油、蕈菇與昆布佃煮同煮，多幾分豐富，果然討好。

● 喜歡以日式梅乾佐溫湯。梅乾的酸香在昆布柴魚醬油湯頭裡慢慢浸泡出味，酸香爽勁，越吃越有味道。

涼麵

炎夏，冷麵季節再度來到！其中，尤以日式吃法最討我喜歡，不管是細如髮絲的上等素麵、勁道滿滿的烏龍麵，甚至以本產麵線取代素麵，冰鎮後綿柔中猶帶口感，都頗沁涼舒爽！最棒是快手速簡，全不需一一分別費事準備，蛋絲、蝦等葷料需分開另煎外，其餘蔬材自可一起燙熟配沾麵汁吃，既豐盛澎湃又輕鬆、極清淡卻也極滿足，著實忙／懶煮婦良伴哪！

二〇一七
4月19日（三）

和風冷麵線佐清燙春菊、蛋絲、海苔絲&沾麵汁

佐餐飲料：冰蜂蜜醋飲
餐後甜點：黑珍珠蓮霧切盤

又忙又熱，決定簡單吃頓冷麵線打發一餐。本來只想偷懶配梅乾和蔥花就好，拿蔥時看到春菊（山茼蒿），覺得和麵線一起燙熟搭著吃也不錯。煮麵時心念一動，又趁空隨手煎了蛋皮切絲。沖涼冰鎮麵線當口，突地想起零食櫃裡有海苔，便抓一包剪細了一起擺上……又是隨心而走之意外熱鬧一餐。

食譜

和風冷麵線：麵線煮熟，以冷水沖涼、瀝乾放入盤中，佐以日式濃縮高湯汁＋醬油＋水＋蔥花調和而成的醬汁享用。

二〇一六
7月1日（四）

● 鮮蝦秋葵蛋絲冷素麵佐日式高湯香菇汁

佐餐飲料：冰鎮黑糖冬瓜茶
餐後甜點：蘋果切盤

● 泡發香菇的水若一時沒用掉，通常捨不得扔棄，冰存起來，必有大用。

食譜

鮮蝦秋葵蛋絲冷素麵佐日式高湯香菇汁：麵線煮熟，以冷水沖涼、瀝乾，秋葵同鍋燙熟、放涼切小段；雞蛋打散（不需調味）、於平鍋中攤煎成蛋皮、切絲，鮮蝦煎熟去殼，一起排入缽裡，灑上幾枚冰塊以保濕潤。

先前泡發香菇留下的水煮沸冷卻，加入日式濃縮高湯汁、醬油、蔥花調勻盛入杯中，隨麵上桌，沾取享用。

二〇一六

12月10日（六）

釜揚烏龍麵
佐豆皮鴻喜菇春菊高湯醬汁

佐餐酒：美國 Anchor 2016 聖誕快樂啤酒
餐後甜點：柳丁切盤

- 釜揚烏龍麵，近年越來越喜歡的烏龍麵吃法。近似冷麵、沾麵，一樣清爽，卻更溫暖溫潤麵香足。最棒是吃完之後，將麵湯與剩下的醬汁混合，一整碗喝光光，美味暢快！
- 除了簡到極致的濃縮高湯汁＋醬油調成的沾麵汁，若時間上有餘裕，喜歡將配料與調味料一起煮透，更豐富有味。

食譜

釜揚烏龍麵：烏龍麵水煮後取出沖洗瀝乾、再放回尚有熱度的煮麵水中上桌，佐搭醬汁食用。

豆皮鴻喜菇春菊高湯醬汁：昆布柴魚高湯加適量醬油煮沸（因是沾麵汁，可以酌量濃鹹一點），放入豆皮、鴻喜菇煮至入味，放入春菊燙一下即可。

二〇一五
10月17日（六）

明太子月見冷烏龍麵

佐餐酒：日本馨和柚子啤酒
餐後甜點：凍葡萄

● 麵條、沾汁分開吃之外，也愛直接將醬汁澆淋麵上大快朵頤，更加暢爽。

● 吃法看個性。享用這類食物，另一半總是從一開始就全部攪和在一起大口吃，我則習慣這夾一點那混一點，分別品嚐不同味道……

「不蓋你，今天這道，真的攪在一起最過癮啦！」——禁不起遊說，遂也跟著試試……欸，真的不錯耶！果然豪快中自有美味。

食譜

明太子月見冷烏龍：烏龍麵條煮熟、沖涼、瀝乾盛入深盤中。明太子切開皮膜取卵、白蘿蔔磨泥、蔥花切末、海苔切絲分別鋪於麵條上，中央放上生蛋黃。昆布柴魚高湯調入適量醬油與酸橘汁，從盤緣淋下，即可享用。

二〇一六
8月14日（日）

辣味噌鮮蝦蔬菜冷烏龍麵

佐餐酒：英國 Fuller's Past Masters Old Burton Extra 啤酒
餐後甜點：小秀西瓜切盤

● 炎炎暑日，幾乎天天都想吃涼麵。所以，強大食慾驅使下，總是不斷有新口味涼麵醬汁應運而生。比方今天的隨手調：味噌、辣醬、醬油、陳年醋、濃縮高湯汁、蘋果汁以及剝蝦時流出的蝦黃、蔥花，沒想到風味出乎意料之外地好，香濃開胃，好好吃啊！

二〇一五
5月17日（日）

和風梅子秋葵冷麵線

佐餐酒：日本馨和山椒啤酒
餐後甜點：紅心芭樂切盤

食譜

和風梅子秋葵冷麵線：麵線煮熟，以冷水沖涼、瀝乾，秋葵同鍋燙熟、放涼切片，一起排入盤中，昆布柴魚高湯調入適量醬油，拌入蔥花與去籽切碎的梅乾，淋在麵與秋葵上，即可。

二〇一五
8月1日（六）

泰風酸辣番茄秋葵冷麵

佐餐酒：法國布根地 Domaine Jean Collet et Fils Chablis Premier Cru 2009 白酒
餐後甜點：旦蕉

• 和風涼麵吃多了，想嚐點新鮮，不作他想，當然輪泰式口味出場！冰冰涼涼酸酸辣辣來上一盤，暑氣全消。

食譜

泰風酸辣番茄秋葵冷麵：麵線煮熟，以冷水沖涼、瀝乾放入盤中。秋葵川燙後切片，與切片小番茄、青蔥絲一起鋪於冷麵上，淋上以切碎的大蒜和辣椒、魚露、檸檬汁、少許醬油和紅糖調成的醬汁，即可享用。

二〇一五
6月13日（六）

羅勒煎雞肉泡菜冷麵線

佐餐酒：橙香伏特加梅酒特調
餐後甜點：出國前冰存起來的凍玉荷包荔枝

食譜

橙香伏特加梅酒特調：梅酒＋伏特加＋君度橙酒以2:1:1比例依次倒入杯中，放入冰塊，調勻即可。

二〇一六

6月5日（五）

家常番茄四季豆雞肉酸辣冷麵

佐餐酒：台灣啤酒頭立冬啤酒

餐後甜點：玉荷包荔枝

● 自家私房涼麵，從素材到醬料調製都放諸隨性。盛盤上桌後一數，光調味料便兼容日泰台義……多國混血難以定義，便名之為家常吧！

食譜

家常番茄四季豆雞肉酸辣冷麵：雞肉切細條以醬油、七味粉和乾羅勒略醃，於鍋中以少許橄欖油煎熟，放涼備用。番茄切絲以少許日本柚醋醃一下。四季豆切小段，以少許油和大蒜丁、鹽麴、陳年醋炒燜至熟，放涼備用。

麵線燙熟後以冰塊和冷水沖涼瀝乾盛盤，擺上雞肉、番茄、四季豆，淋上以切碎的大蒜和辣椒、魚露、檸檬汁、日式高湯汁調勻的醬汁，即可享用。

快煮麵

二〇一八
4月29日（六）

平日工作緊湊，午餐定得快速解決。大夥兒熟悉的乾拌麵固然方便，但有時一忙起來卻還嫌不夠快——這當口，各種常備「快煮麵」便可應急登場……

不見得非得是市售速食方便麵，而是如炸意麵、雞絲麵這類下鍋即熟麵條；只要湯滾下麵，冰箱有什麼配料就丟什麼、簡單調味，短短數分鐘就可端出一頓美味午餐，對忙／懶／饞煮婦來說，著實再省心省力不過！

懷舊風鍋燒意麵

佐餐酒：比利時 Mikkeller El Celler de Can Roca 啤酒
餐後甜點：紅心芭樂切盤

● 鍋燒意麵，咱台南兒女的共同成長回憶。還記得，剛剛上北部求學工作那幾年，心裡頭最最懸念的家鄉小吃，竟不是赫赫有名的台南擔仔麵、碗粿、米糕、花生菜粽、鱔魚意麵、蝦仁肉圓……而是這一味。

其實是極簡單的市井街頭百姓小食，我猜最早應脫胎自日本的鍋燒烏龍麵——所以早期，最通行遍見的鍋燒麵其實是「大麵」、烏龍麵是也；但漸漸地，由於本土的炸意麵後來居上，反成主流。

而細究內容：高湯、炸過的意麵之外，一片魚板、一隻蝦子、一把青菜，再依店家習慣添上肉片魚片甜不辣貢丸魚丸等配料，爐子上頭煮滾煮熟了，打一顆蛋，連著小鍋或倒進小鍋子裡，就可以堂堂上桌。

也由於這樣的簡單隨意快速，不需太多廚藝基礎或訓練，誰都可以輕鬆上手，遂自自然然成為冰店、冰果室、小簡餐咖啡館必定配備的一味。再加上低廉平易的價格、還過得去的份量，多年來一直普受歡迎。

尤其是學生們，課餘時間呼朋引伴一起上鄰近冰店先吃上一碗，零用錢多些時再湊合點一盤刨冰，一群人說笑打鬧、或二三好友低聲互訴心事，年輕光陰，就這麼幾年來怡怡然而過。

但說來有趣是，對當時的我們來說，即使只是純粹課間解饞的這常民小點，出乎台南人固有的挑嘴習性，卻也一樣點滴細節都非得細細論較不可：湯頭是否鮮甜夠味、配料是否看得出用心、打在上頭的雞蛋是否凝結完整但外生內熟，好能在上桌之際便馬上一湯匙快手舀起熱騰騰新鮮享用……尤其最重要的是麵條，定要QQ有勁且質感細緻味道清香不傷湯頭才算合格。

卻是直到離了台南後，方才訝然發現，鍋燒意麵並不是隨時隨處吃得見得的食物；即使後來城市各角落漸漸多了，是情境不同、亦或食材步驟有異？卻不見得都合口味。

直到近年，好不容易找著了成分安心且夠得上水準的炸意麵，試著以手邊現有材料自己烹煮看看，竟覺還算有模有樣，家鄉味成自家味，滿足無比。

食譜

懷舊風鍋燒意麵：小鍋裡注入昆布柴魚高湯煮沸，加入蔥花、香菇、魚丸、鮮蝦烹熟入味，放入炸意麵，煮至喜歡的熟度，放入青菜，以鹽或醬油調味，轉小火，打入雞蛋，挾些麵條蓋住蛋面或蓋上鍋蓋燜至半熟，即可享用。

二〇一七

5月27日（六）

● 乾燒香腸香菇高麗菜心意麵

佐餐茶：蜂蜜金桔水果茶

餐後甜點：香蕉切盤

● 不一定非得懷舊鍋燒，麵條快煮易熟特性，炸意麵很快成為咱家日常快手麵食，各種素材都能搭能配。尤其頗愛乾燒，比湯麵更速簡，好吃又方便。

二〇一七

10月22日（日）

● 炸醬番茄鮮菇地瓜葉炒意麵

佐餐飲料：冰鎮黑糖冬瓜茶

餐後甜點：蓮霧切盤

● 比起乾燒來，炒意麵雖多一道燙麵步驟，但口感更乾爽，也不錯！

二〇一八
5月12日（六）

冬菜貢丸蛋包雞絲麵

佐餐酒：自家隨手調之無糖 Gin Fizz
餐後甜點：阿正主廚之情人果

和炸意麵同時覓獲的是雞絲麵，當然也立即一起成為家中常備麵。

一路烹煮至今，發現二者性質雖大同，但還是有那麼一點兒不一樣：首先，配料不用豪華複雜，點到為止才是最好。其次，一定要有冬菜和蛋包，自小吃到大、可說已被完全制約的親切味道，萬萬不能少！

二〇一八
9月17日（六）

家常什錦炒泡麵

佐餐酒：法國羅亞爾河 Domaine Eric Louis Pouilly Fumé 2014 白酒
餐後甜點：甜桃切盤

偶而餐桌上出現泡麵，總有網友留言大表驚訝——嗯，雖說這批是先前為颱風準備的，不過，套句我經常和朋友說的話：基本上，我是凡人，不是仙女，總是偶而也會想吃邪惡食物哩……

食譜

家常什錦炒泡麵：洋蔥絲與青蔥絲以適量油炒軟，以鏟子推至一旁，倒入打散的蛋液邊攪邊炒成碎蛋，加入切絲的花枝丸、韓國泡菜和秀珍菇拌勻續炒，調入炸醬、醬油、少許麻油和醋拌勻，放入青菜與燙過的速食麵條拌勻，即可享用。

二〇一八

4月19日（三）

● 泰式酸辣蝦湯麵

佐餐酒：梅香烏龍金棗琴酒特調

餐後甜點：日昇木瓜切盤

● 難捨泡麵，原因無他，單純就是喜歡那捲捲的麵條，吸附湯汁效果極佳；因此偶而也會單買此類麵條來用，和麻辣酸辣濃郁湯頭特別搭。只不過，吃來雖爽快，那如天書般複雜的成分表還是讓人難免掛心哪！

食譜

泰式酸辣蝦湯麵：雞高湯煮沸，投入香茅、檸檬葉、南薑、辣椒等香料煮入味，再加番茄、鮮蝦與蘑菇煮熟，以魚露、檸檬汁、九層塔調味，放入燙熟的快煮麵條，即可享用。

義大利麵

不知從什麼時候起，義大利麵就這麼成為我們的家常麵。

當然，工作生活忙碌、時間精力有限，需得花長長時間熬煮醬汁的慢燉類，如肉醬麵等在我家是極少上場的，最常見都是二十分鐘三兩下速炒速拌俐落完成的快手版。

且幾款經典義大利麵，比方白酒蛤蜊麵、煙花女義大利麵、培根起司蛋麵、香蒜辣椒麵等雖也常登場，但最多還是興之所致隨意拼湊亂炒——想吃時，直接打開冰箱看看此刻有什麼材料，隨心率意排列組合一下，不多久，就是一道香噴噴熱騰騰義大利麵上桌！

其實和大夥兒熟悉的台式炒麵十分類似，只差中華炒鍋換成平底鍋、油品換成橄欖油、醬油換成白酒……其餘，論概念與烹調工序，好像也沒什麼太大差異。

我常想，這應該才是義大利麵的本來個性：親切常民料理，因時、地、物與心情任意變化，最迷人就是這股無身段零距離平易近人輕鬆氣息。

而多年實戰下來，漸漸累積了些許訣竅心法：首先，蒜多、油多（以我家之清淡標準論）是為不二美味法門。其次，素材上選單純為佳，尤其本身風味濃郁的食材，常常光是一兩種就已經圓全足夠。

烹法也漸趨固定一致：深鍋中盛水加鹽燒滾，放入義大利麵煮至彈牙程度，撈出瀝乾。平鍋裡以橄欖油小火將蒜頭與辣椒煎得噴香，續炒其餘配料，倒入白酒，拌勻燒滾，再淋上兩三杓煮麵水，拌勻燒滾，待醬汁稍呈乳化濃稠狀態後，倒入義大利麵再次拌勻、略收乾醬汁並適度調味，即成。

簡簡單單，卻能美味得直截直率、百做百吃不膩，這正是義大利麵、或說基本款家常菜的向來魅力吧！

二〇一七
10月10日（二）

● 香蒜辣椒義大利麵

● 番茄葉蘿蔔沙拉佐優格梅醋橄欖油汁

● 簡單反而最難——對我而言，香蒜辣椒義大利麵可算其中代表。材料與作法極簡，卻又希望從滋味到口感都能豐富美味……當然知道有些會加入雞湯、起司、或先浸泡蒜頭辣椒油以增鮮提味；但除少許白酒與乾羅勒外，我始終還是寧願什麼都不多加，以最基本配方作法直接正面對決。遂而多年來琢琢磨磨，漸漸才終於掌握訣竅。

首先毫無疑問，食材調味料定然都得上選上乘；此外，油多、蒜多、鹽味足是為不二法門；慢火徐徐耐心爆香、適切收汁，起鍋前再淋些橄欖油多添芬芳……

單純素樸，卻吃得出每一種素材的本來味道，那回甘，於是益發雋永悠長。

● 做沙拉，向來不愛一般常見的萵苣類，獨鍾氣味濃烈有個性的蔬菜。遂而，除了高檔超市比較買得到的芝麻菜外，喜歡拿一般可生食蔬菜來做沙拉；小松菜、山菠菜、嫩菠菜、水菜、甜菜心……之外，葉蘿蔔（專用以吃葉子的蘿蔔品種，近來市面上漸漸多見）也頗愛，咬嚼間充滿生蘿蔔一樣的清爽辛辣感，過癮極了！

佐餐酒：美國 Napa Valley Beringer Founders' Estate Cabernet Sauvignon 2015 紅酒

餐後甜點：木瓜切盤

食譜

香蒜辣椒義大利麵：深鍋中以多量水與適量鹽煮義大利麵條至彈牙程度；平鍋中入橄欖油與大蒜丁、辣椒丁小火煎成金黃噴香，淋入白酒燒滾，再淋入一兩杓煮麵水燒滾，倒入煮至彈牙的麵條，灑上乾羅勒與現磨黑胡椒，略收一下湯汁，以鹽調味並再次淋上些許橄欖油，即可享用。

番茄葉蘿蔔沙拉佐優格梅醋橄欖油汁：番茄切塊、葉蘿蔔洗淨撕成容易入口的片狀，擺入盤中。原味優格加入適量橄欖油、梅子醋、少許醬油拌勻，淋在番茄與葉蘿蔔上，即可享用。

二〇一六
7月17日（日）

- 白酒羅勒油漬乾番茄蛤蜊義大利麵
- 蔓越莓蘋果芝麻菜沙拉佐蜂蜜橄欖油醋汁

佐餐酒：日本山梨原茂勝沼甲州2012白酒
餐後甜點：金鑽鳳梨切盤

- 同為經典麵款，白酒蛤蜊麵可算最明星討好的一道；而基本材料外，喜歡加上油漬乾番茄，比新鮮小番茄香氣來得濃縮飽滿，更有味道。

食譜

白酒羅勒油漬乾番茄蛤蜊義大利麵：作法與香蒜辣椒義大利麵幾乎相同，差別在於炒完大蒜、辣椒與油漬乾番茄後加入蛤蜊拌炒，淋入白酒與煮麵水後再煮一下，待蛤蜊開口後再放麵條即可。

二〇一五
6月27日（六）

- 香蒜辣椒鮮蝦黑橄欖醬義大利麵
- 番茄葉蘿蔔沙拉佐百香果橄欖油醋汁

佐餐茶：酸橘蘋果冰茶
餐後甜點：糯米荔枝

- 直接以鮮蝦入麵，蝦子夠好，甘鮮程度不下於蛤蜊；再調點黑橄欖醬，更增濃郁。

食譜

百香果橄欖油醋汁：百香果切半挖出果肉果汁，加入適量橄欖油、白酒醋、少許醬油拌勻，淋在沙拉上，即可享用。

二〇一八

4月29日（日）

● Carbonara培根起司蛋汁義大利麵

● 金棗堅果春菊沙拉佐莓果橄欖油醋汁

佐餐酒：台灣啤酒頭之鳳梨酸啤酒

後甜點：愛文芒果切盤

● 由於素愛清爽清淡，對奶醬類義大利麵素無好感。後來接觸多了，才知Carbonara其實非屬此類，自可以光就是培根、現磨起司、蛋、黑胡椒，至多添點乾羅勒與蒜；素材上乘但簡單、火候時間掌控得宜，便能在濃郁中透著鮮爽，對味極啦！

食譜

Carbonara培根起司蛋汁義大利麵：深鍋中以多量水與適量鹽煮義大利麵條至彈牙程度。蛋液、現磨Pecorino或Parmigiano-Reggiano起司、現磨黑胡椒與少許鹽和乾羅勒碎混合均勻備用。平鍋中放入切小塊的培根煸炒成金黃香酥、油脂釋出，放入切小丁的大蒜略煎，倒入煮好的麵條拌炒一下，熄火，隨即倒入先前備好的起司蛋液，快速攪拌均勻，盛盤，表面再次灑上現磨起司，即可享用。

二〇一五
1月31日（六）

煙花女櫛瓜義大利麵

佐餐酒：義大利 Cantina Gallura Templum Cannonau di Sardegna DOC 2009 紅酒
餐後甜點：牛奶蜜棗與茂谷柑切盤

想吃濃味義大利麵、又無暇花時間備料時，煙花女義大利麵是最佳選擇。

「煙花女義大利麵」之名據說由來自昔年煙花女因忙碌無暇做菜，遂以手邊容易取得的各種現成素材如油漬鯷魚、橄欖、乾番茄、酸豆、辣椒、大蒜等組合成一道方便麵食；另一說法是味道火般濃烈熱情如煙花女，故稱之。而雖說全以罐裝醃漬品對付是此道料理核心重點，但煮婦魂作祟，總難免還是想放點新鮮食材：雞肉、菇類常有，這回則是櫛瓜，平衡了原本的油鹹，效果極好。濃馥飽滿一盤掃光，過癮哪！

食譜

煙花女櫛瓜義大利麵：鍋中以多量水與適量鹽煮義大利麵條至彈牙程度；平鍋中入橄欖油和大蒜與辣椒炒香，放入油漬鯷魚拌勻，再放油漬乾番茄、油漬橄欖與切小塊的櫛瓜拌炒，灑上羅勒香料和現磨黑胡椒；倒入白酒，拌勻燒滾，淋上一兩杓煮麵水，拌勻燒滾，加入煮至彈牙的麵條充分拌勻即可。

二〇一七

5月14日（六）

家常變奏版拿坡里義大利麵

佐餐酒：法國薄酒來 Domaine Marcel Lapierre Chateau Cambon Le Cambon 2015 紅酒

餐後甜點：豐水梨切盤

拿坡里義大利麵其實非來自義大利，而是流行於日本古早咖啡館的懷舊洋食料理。以往我倆對這一味始終不感興趣，原因一來另一半不吃青椒，二來我對市售量產番茄醬敬謝不敏。

不過，近年接連在漫畫《深夜食堂》和日劇《野武士美食家》裡看到，竟漸漸萌生饞意……那麼，就來用自己喜歡的食材做做看吧！於是，青椒以櫛瓜替代、改用婆家親戚自製湖南香腸與喜歡認可的番茄醬汁＋新鮮番茄，罐頭蘑菇也換成新鮮貨，步驟則遵循一向習慣的義大利麵烹法；果然爽口美味，滿意極了。

「結果，變成香腸番茄鮮蔬義大利麵了啊！」另一半笑說。

也對！確實這麼一來，原本大多數以現成材料速成的市井平民精神盡失——管他的！家常便餐，喜歡就好、好吃就好！

二〇一八
3月17日（六）

香蒜辣椒油漬番茄乾沙丁魚義大利麵佐芝麻菜

佐餐酒：日本函館 Wine 北海道 100 Müller Thurgau 白酒
餐後甜點：信義鄉黑火炭巨峰葡萄

在我心目中，罐頭油漬魚類中，僅次於鯷魚之義大利麵絕好搭配，非沙丁魚莫屬！且更優勢之處在於，蒜頭辣椒調味料以外，甚至可以什麼都不用放，一「料」獨撐全場，也能發亮發光。

只不過這回，本想做番茄芝麻菜沙拉和沙丁魚義大利麵，忙中總想躲懶，乾脆直接二合一送做堆，果然省時省事好方便；吃來則既豐富又清新鮮爽，別是另番好滋味——嗯，這法子不錯，以後多多比照！

近來頗著迷的日本葡萄酒。德國品種 Müller Thurgau，在北海道風土下釀得清新清亮清逸芳醇，又是頗對味一款。

二〇一七
1月14日（六）

香蒜辣椒小魚乾雞肉塌棵菜天使細麵

佐餐酒：義大利 Piedmont Gancia Pinot di Pinot Brut 粉紅氣泡酒
餐後甜點：大湖草莓

• 雖屬東方食材，但小魚乾和義大利麵其實很搭，尤其發狠放了多量，更是海味鮮美滋味足哪！

也愛以略帶苦味的青菜烹義大利麵，爽口有勁，更添甘香。

• 很特別的粉紅氣泡酒，以 Pinot Noir 和 Pinot Blanc 黑白皮諾品種葡萄釀成。風味清新爽勁、氣泡細緻，優雅度不輸香檳。在這一整日豔陽燦燦天氣裡飲來，好舒服哪！

• 由於酒量不好，平素較少以氣泡酒佐餐，擔心分次喝氣泡逸散影響口感。因此常被吾友裕森訓斥：「這有什麼關係，氣泡跑光就當一般白酒或粉紅酒喝就好啦！」

結果慢慢發現確實如此。氣泡疲軟後，雖說少了點歡樂感，香氣卻更能凸顯；最重要是經過時間醞釀，充分呼吸後，味道更見濃醇，別是另番風味。

二〇一六

1月9日（六）

● 香蒜明太子天使細麵

● 核桃葉蘿蔔沙拉佐柚香乾番茄油醋汁

佐餐酒：紐西蘭 Marlborough Saint Clair Premium Sauvignon Blanc 2013 白酒

餐後甜點：芭蕉切盤

● 喜歡明太子義大利麵，卻因生性怕濃膩，不愛市面上常見的鮮奶油口味；遂改以檸檬汁和奶油拌和，果然清爽。

而如果明太子等級夠高，為充分享受原味，也常不循向來習慣的，一半入鍋先炒、一半最後再加的作法，全部等盛盤享用時才直接趁鮮拌上，美味加倍——從來材料夠好，越簡單越棒，再次得證。

食譜

香蒜明太子天使細麵：天使細麵於加鹽的水中煮至彈牙狀態。平鍋中以橄欖油炒香大蒜丁，倒入一半量的明太子，淋入白酒燒滾，放入細麵拌勻，再放入另外一半的明太子和適量奶油拌勻，灑上檸檬汁、現磨黑胡椒與碎羅勒，再次拌勻，即可享用。

紐西蘭的 Sauvignon Blanc 始終是我極愛的白酒種類之一，Saint Clair 則無疑是此中佼佼者，清爽多香中透著骨幹與複雜度，美味極了！

二〇一六

12月3日（六）

香蒜辣椒櫛瓜烏魚子天使細麵

佐餐飲料：溫酸橘梅子飲

餐後甜點：西洋梨切盤

幾乎已經成為一種慣例了！每年入冬後春節前，盼來了今季烏魚子上市，我會自家留一塊上好烏魚子。

說來有趣，可能是生於長於重要產地之一台南的緣故，雖多少知道是高級食材，但因為並不少見——每逢農曆過年親友間都會互相餽贈，一年到頭家中冰箱裡總隨時凍著幾枚，宴席上年夜飯桌上更是不可或缺的要角……太過熟稔習慣了，遂一直沒有太多憧憬或珍惜。

我們真正牽腸掛肚期待的，是冬至前後的烏魚季。

稱為「黑金」的烏魚潮隨季節洋流而來，就這十幾天，市場裡買得到新鮮烏魚，特別是帶著肥厚厚「烏魚膘」的雄魚，趁鮮用薑絲和麻油煮成烏魚米粉，滋味鮮香濃厚，是唯此季方能享受的珍味。

直到長大後北上定居才漸漸知道，原來離了台南，不僅新鮮烏魚難得，就連好烏魚子也並非如我所以為的那般等閒輕易，且還隨年年產量減少而益發矜貴。

但反而是這樣，很奇妙地，也許是味蕾隨年歲增長逐步走向成熟、也許是對家鄉味的益發留戀，我卻漸漸喜歡上了烏魚子複雜深邃的鹹香甘鮮醇厚之味。

只是，幼年一路過來對好烏魚子的熟習，總難免多些挑嘴：要野生而非養殖，還要足夠肥厚飽滿、表面散發明亮光潤的色澤，口感味道才棒！

當然，這樣的烏魚子得之不易且價格不斐；為穩定來源，我甚至藉由PEKOE之力向可信賴管道進貨（是的，PEKOE鋪子裡極高比例商品其實常是在這種「私心自用」狀況下推出……）。

為確保美味且食用利用方便，還先請老師傅趁鮮先以炭火烘焙過才包裝，切開後立即可食。成為每年PEKOE獨此刻才有的限定品，且因量稀價高，也不曾刻意大作宣傳，只等識味相契的朋友們前來分享。

而也因好烏魚子越來越難得，近年，每回當令烏魚子一到店裡，我通常只給自己留一枚；帶回家後還先幾刀切成數塊，密封冷凍後分次慢慢享用。

吃法則大多簡單：純吃、配我最喜歡的切片蜜棗——私心認為遠比蘋果、梨片、青蒜更搭。奢侈些則用於炒飯炒米粉。

有時則也試試義式作法。雖說相隔千山萬水之遙，但事實上地中海也有烏魚、也生產烏魚子製品，入義大利麵或燉飯風味極佳。

近年則喜歡除烏魚子外，再多加入番茄和櫛瓜同烹；且有別於以往起鍋前才拌入習慣，提早將一半份量切碎後先入鍋和蔬菜同炒，果然更能凸顯番茄和櫛瓜的清甜，別是另番風味。

二〇一五
9月6日（日）

● 香蒜辣椒牛肝菌鮮香菇義大利麵

● 綜合堅果芽菜沙拉佐百香果橄欖油醋汁

佐餐酒：英國 Aspall Harry Sparrow 蘋果酒
餐後甜點：水蜜桃切盤

食譜

香蒜辣椒牛肝菌鮮香菇義大利麵：深鍋中以多量水與適量鹽煮義大利麵條至彈牙程度；平鍋中入橄欖油與大蒜丁與辣椒丁小火煎香，放入泡軟的牛肝菌菇炒香，再入切片鮮香菇炒一下，淋入白酒燒滾，再淋入浸泡牛肝菌菇的水和一杓煮麵水，灑入碎羅勒與現磨黑胡椒煮沸，倒入煮至彈牙的麵條充分拌勻，收乾湯汁，即可享用。

二〇一六
12月25日（日）

● 香蒜紅椒雞肉蘑菇青花筍義大利麵

佐餐酒：日本馨和柚子啤酒
餐後甜點：台南七股香水草莓

● 一直很喜歡放了很多蔬菜的雞肉義大利麵，總覺清淡爽口吃起來特別對味。這回心血來潮，雞肉下鍋前先以西班牙煙燻紅椒粉醃過，果然清爽裡更添芳香，好吃！

二〇一四

3月17日（六）

一鍋燒香蒜雙醋番茄鮮蝦雞肉筆管麵

佐餐酒：日本馨和柚子啤酒
餐後甜點：梨山水蜜桃切盤

如果沒記錯的話，一鍋燒義大利麵的盛行，應是起於名廚Alain Ducasse的推廣。據說最早出自義大利農家煮法，將如筆管麵、蝴蝶麵、米型麵、貝殼麵、通心麵、甚至麵餃等短型麵條與醬汁同鍋燒煮，省事方便。

若手邊有短型麵，我自己也偶而做。心得是，確實十分簡單，概念與工序和義大利燉飯有些相似；但嚴格來說，若以花費的力氣與時間來論，除了少洗一個鍋子外，較之傳統煮法並沒有特別省時省力。但優點在於，一鍋煮就，果是入味足麵香夠、醬汁濃稠口感香Q，十分美味。

食譜

一鍋燒蒜味香醋番茄鮮蝦雞肉筆管麵：鍋中入橄欖油、洋蔥末與大蒜丁，小火慢炒至洋蔥熟軟。一邊拌炒，一邊加入切小塊、以鹽略醃過的雞肉以及鮮蝦與切碎的番茄，再放入乾燥全生的筆管麵炒一下。淋上白酒，煮沸後，加水至淹過筆管麵，再煮沸後加少許鹽，小火慢煮並偶而攪拌、若覺得太乾可適度加些沸水；煮至外軟內硬彈牙程度，加入適量巴薩米克醋，仔細拌勻，略煮一兩分鐘入味，即可享用。

麵包餐&三明治

年輕時曾聽旅法朋友提到，亞洲煮婦委實太操勞，非得日日餐餐揮汗熱火油鍋間辛苦做飯不可，不像歐洲，常常打開幾個蓋子、拆開封套，順手擺擺切切調調拌拌就得一餐……

嗯，有道理！忙／懶煮婦當下開竅，日後遂經常模仿。

最常上場的，便是週末假日中午的麵包餐。其實和早午餐有一點像，但明顯單純不少：拌一大盆新鮮蔬果沙拉佐自家私房油醋醬汁，歐式生火腿或臘腸擺一盤，冷凍庫存麵包解凍後烤得外酥內軟；再切點起司、一盤水果，幾種上好橄欖油，倒上一杯葡萄酒……簡約俐落，悠然自在徐徐享用，滿足一餐。

比麵包餐更速簡，則乾脆把各樣材料夾入麵包中，來份三明治。

其實原本一點也不喜歡三明治。說不上原因，就是很直覺地不想碰不想吃。直到在家工作、得以最快速度自己打理午餐，漸漸偶而開始做三明治後才發現——不愛的並非三明治本身，而是塗在裡頭的「醬」：

不僅把麵包搞得濕黏軟爛，也讓明明已經很多樣的素材的味道變得更混亂複雜，還常伴隨著令人不快的添加物味道……

但自己做就完全沒這問題！現有手邊食材隨興選搭、當然完全不塗醬，簡單快速三兩下就完成，著實懶／忙煮婦午餐良方！

4月4日（二）

- 日本岐阜高山A5飛驒牛四十五日熟成Salami
- 百里香烏醋橄欖醬拌番茄丁
- 皇帝豆芝麻菜沙拉佐芒果乾橄欖油醋汁
- 托斯卡尼Felsina兩種單品橄欖油
- 法式鄉村麵包

佐餐酒：法國布根地 Lou Dumont Blanc De Noirs Crémant De Bourgogne Rosé 粉紅氣泡酒

餐後甜點：大湖草莓

- 沙拉、肉製品之外，我倆的麵包餐桌上，還常見兩三碟滋味品質均上選出眾的特級初榨橄欖油，直接滿沾浸透，痛快大口咬下；說真的，這飽滿芳醇滋味，已經足夠把麵包啃個精光。

食譜

芒果乾橄欖油醋汁：芒果乾切小丁，以適量檸檬或酸橘汁略醃至柔軟，加入橄欖油、紅酒醋、幾滴醬油拌勻，淋在沙拉上，即可享用。

百里香烏醋橄欖醬拌番茄丁：番茄切丁，拌上以橄欖醬＋烏醋＋乾燥百里香調勻的醬汁，即可享用。

二〇一六

3月5日（六）

● 蔓越莓乾番茄芝麻菜沙拉佐柳橙鵝肝醬橄欖油醋汁

● 西班牙伊比利生火腿

● 義大利 Parmigiano-Reggiano & 法國 Roquefort 起司切盤

● 兩種麵包佐 Felsina 橄欖油

佐餐酒：法國普羅旺斯 Chateau Simone 2013 粉紅酒

佐餐後甜點：「藝食知選」的豆腐冰淇淋

● 忙到太晚懶得做飯，決定冰箱裡既有材料簡單拼湊一餐。胡亂上桌後，才發現這組合好有野餐感……早知道，就趁好天氣裝盒下樓到家附近公園享用了。然佐著晴陽與窗景，依舊怡然。

食譜

柳橙鵝肝醬橄欖油醋汁： 鵝肝醬切小丁，調入橄欖油、紅酒醋、柳丁果醬、幾滴醬油拌勻，淋在沙拉上，即可享用。

二〇一五
8月16日（日）

- 油漬乾番茄培根蘑菇甜菜心溫沙拉
- 蘋果與兩種起司切盤
- 義大利托斯卡尼 Felsina 特級初榨精品橄欖油
- 兩種麵包

佐餐茶：冰鎮京都一保堂麥茶

食譜

油漬乾番茄培根蘑菇甜菜心溫沙拉：培根切小片，小火煎香並煸出油脂，加入油漬番茄與蘑菇炒熟，嚐一下味道，若不足再以鹽調味，起鍋鋪在新鮮甜菜心菜葉上，即可享用。

二〇一五
5月3日（日）

● 烤櫛瓜番茄雙起司沙拉佐藍莓橄欖油醋汁
● 西班牙 Mafresa 伊比利豬 Salchichon 臘腸切片
● 麵包三種＆特級初榨橄欖油兩種

佐餐酒：紐西蘭 Main Divide Waipara Valley Riesling 2011 白酒

餐後甜點：愛文芒果切盤

來自紐西蘭的 Riesling，典型的礦石氣中透著果香外，口感微甜、微帶氣泡感，剛好今天的麵包也帶甜味，搭得不錯。

食譜

烤櫛瓜番茄雙起司沙拉佐藍莓橄欖油醋汁：櫛瓜切片，橫紋鍋兩面小火烤出焦痕，放冷。和切細條的番茄一起排於盤上，灑上切碎的 Parmigiano-Reggiano 起司和藍紋起司，淋上以橄欖油、白酒醋、藍莓果醬拌勻而成的醬汁，即可享用。

二〇一七
7月19日（三）

- 番茄羽衣甘藍沙拉
- 西班牙伊比利生火腿
- 蔥燒餅&可頌

佐餐飲料：冷泡高山烏龍茶
餐後甜點：糯米荔枝

- 週間工作日想更清簡迅速，連沙拉醬汁都懶得調，直接以生火腿包裹生菜入口，原材原味，一樣好吃。

二〇一七
12月18日（一）

- 半熟蛋黑豬培根小松菜單面三明治

佐餐飲料：溫酸橘蜂蜜醋飲
餐後甜點：武陵蜜蘋果切盤

- 早前對三明治全無興趣時期，唯獨二十年前在哥本哈根一見傾心、只用單片麵包的北歐 open face sandwiches 可算例外。食材們朗朗呈現，不再混雜混淆打迷糊仗，口感滋味舒坦明白清爽，倍增好感。

二〇一七 3月22日（三）

● 番茄嫩菠菜黑豬肉鬆三明治

佐餐飲料：酸橘蜂蜜醋飲

餐後甜點：蜜李切盤

二〇一八 1月12日（五）

● 自家製 pita 夾羅勒醬油番茄炒蛋＆山菠菜葉

佐餐飲料：溫蜂蜜梅子醋飲

● 日前多做凍存起來的 pita 口袋麵包，解凍後烤得酥脆，夾入生菜、以及以醬油和羅勒調味的番茄炒蛋享用，既美味又簡單！

二〇一八
1月9日（一）

蜂蜜蛋煎饅頭夾黑豬肉鬆

佐餐飲料：酸橘桂圓黑糖薑茶

食譜

蜂蜜蛋煎饅頭：饅頭切開，均勻沾上以蜂蜜、牛奶、打散的雞蛋調成的蛋液。平鍋中放少許奶油，加熱至融化，搖動鍋子使奶油均勻鋪覆鍋底後，放入饅頭煎至香酥即可。

二〇一八
9月21日（五）

饅頭夾煎蛋＆雙味豆腐乳拌豌豆苗

佐餐飲料：酸梅湯氣泡飲
餐後甜點：麻豆正老欉文旦柚

● 饅頭夾蛋好吃，配豆腐乳也不賴，且又想吃點兒蔬菜……於是興之所致乾脆全送做堆，將豌豆苗與椒麻和米豆釀豆腐乳、麻油、醬油調成的醬汁略拌，和煎蛋一起夾入饅頭中，又得一美味新吃法！

鹹粥&清粥

雖說習慣中午吃麵、晚上吃飯，但若冰箱裡有凍存白飯，便也常煮成鹹粥或清粥當午餐。

從小在台南，鹹粥一直是我家備受愛戴的家常味。和白粥、廣東粥不太一樣，米粒刻意不煮得綿爛，咬感香Q外，也更能凸顯出湯頭的爽鮮。

而為省時省料，也常用隔夜白飯烹煮。且分兩種：直接加飯入湯，一滾即起鍋，叫「飯湯」；再煮一陣使之稍柔軟入味，則是「鹹糜」，不管哪種我都愛。

材料依隨季節輪換，冬天有白蘿蔔、高麗菜或芋頭，夏季是綠竹筍、扁蒲或絲瓜，一年四季都有的基底則是紅蔥頭蝦米香菇絲豬肉絲。

到現在，自己煮食，也頗愛煮常煮鹹粥。比起台南家裡的鹹粥，我的版本更清淡：不用紅蔥頭、只以蔥段爆香。材料則是冰箱裡有啥就用啥，特別當令蔬菜只要覺得和合都可下鍋。即連傳統粥品裡極少見到的馬鈴薯、培根、洋蔥、番茄、泡菜都偶而出現；且可能因粥品之包容度大，隨興不拘，依然碗碗美味、踏實飽足。

二〇一五
9月13日（日）

培根金針菇綠竹筍鹹粥

佐餐飲料：葡萄氣泡飲
餐後甜點：蜜梨切盤

食譜

培根金針菇綠竹筍鹹粥：培根切小片，小火煎香並煸出油脂，加入蔥段爆香，放入切絲的白蘿蔔拌炒至微透明狀，加入多量高湯小火煮至熟軟，放入白飯，煮至喜歡的口感與稠度，以鹽調味，即可享用。

二〇一五
11月14日（六）

蝦米黑豬肉香菇芋頭蔬菜鹹粥

佐餐酒：法國羅亞爾河 Pascal Jolivet Sancerre Blanc Clos du Roy 2012 白酒
餐後甜點：黑珍珠蓮霧切盤

食譜

蝦米黑豬肉香菇芋頭蔬菜鹹粥：少許油爆香蔥段與蝦米，放入切條的黑豬肉炒香，再入切絲的芋頭炒軟，加入多量高湯小火煮至芋頭柔軟鬆化，放入白飯，煮至喜歡的口感與稠度，加入青菜略滾一下，以鹽調味，即可享用。

二〇一八
7月21日（六）

黑豬肉蝦米金針菇絲瓜鹹粥

佐餐酒：澳洲阿德雷得 d'Arenberg The Stump Jump RSM McLaren Vale 2017 白酒
餐後甜點：玉井愛文芒果切盤

一直覺得，如絲瓜、扁蒲這類爽甜多汁的夏季瓜類，和澱粉主食特別搭配；炒米粉、炒麵之外，也適合煮成鹹粥，米粒飽吸甘香，芳潤美味得令人恨不能多吃幾碗！

近年葡萄酒專用取酒器大受歡迎，可以在不開瓶狀況下「偷酒」來喝，非常生火；朋友們紛紛添購、且還極力慫恿我也加入行列。只不過，一來價格頗高，遲遲下不了手；二來家中藏酒不多，也沒什麼稀罕珍釀，可偷目標太有限……最重要是，依照此刻生活節奏，一瓶酒開瓶後分三頓喝，平心玩味次次不同變化，倒也別是另番滋味。

以這瓶言，上週二第一回飲，香氣頗澄淨明亮，週一再嚐則略顯沉悶，正暗嘆不夠強壯耐久、芳華已過，今午卻丰姿重現，且還多幾分圓潤奔放，好生驚艷——這般趣味，不偷酒也已經足夠自得其樂。

二〇一六
9月25日（日）

● 蝦米番茄秀珍菇高麗菜鹹粥

佐餐酒：台灣GQ瀟灑啤酒
餐後甜點：珍珠芭樂切盤

二〇一七
8月5日（六）

● 柴魚拌秋葵
● 青蔥菜脯煎蛋
● 椒麻豆腐乳
● 蔭瓜
● 糙米小米粥

佐餐飲料：檸檬梅醋氣泡飲
餐後甜點：拉拉山水蜜桃

● 可能因為早餐僅只一杯飲、加上午餐習慣清簡緣故，許多早餐吃食遂常移至午餐享用；比方前章的三明治，以及本章的清粥小菜。

既是午餐，往往搭配的就不只醬瓜豆腐乳和煎蛋，常會再多做一道菜；且因一年年越發喜歡全穀類食物緣故，白米粥之外，糙米、小米也常擔綱，從滋味到口感都更豐富多變化。

二〇一六

8月21日（日）

- 蒜香腐乳燒絲瓜
- 荷包蛋
- 黑豬肉鬆
- 蔭瓜
- 小米白米粥

佐餐飲料：冰鎮一保堂麥茶

餐後甜點：嘉義民雄「鳳梨滿」之牛奶鳳梨切盤

食譜

蒜香腐乳燒絲瓜：少許油爆香蒜頭，放入去皮切半圓片的絲瓜略炒，加入適量豆腐乳，小火燒至入味，嚐一下味道，若不足再以鹽調味，即可享用。

二〇一七
12月3日（日）

● 香蒜皮蛋白菜滷
● 椒麻&米豆釀豆腐乳
● 日本梅乾
● 蔭瓜
● 小米糙米粥

佐餐酒：日本熊本堤酒造 樽貯蔵 蔵八梅酒
餐後甜點：黑珍珠蓮霧切盤

● 心血來潮以皮蛋滷白菜，結果出乎意料之外地美味，白菜的清甜、醬油的甘鹹外還透著奇妙的香氣和鮮味，果然發酵醃漬物之奧妙無限哪！

食譜

香蒜皮蛋白菜滷：少許油爆香蒜頭與辣椒，放入切丁的皮蛋煎香，放入白菜續炒至水分釋出，加適量醬油，小火滷至熟軟入味即可。

二〇一六

2月29日（一）

● 蔥花菜脯煎蛋
● 醋溜高麗菜
● 黑豬肉鬆
● 椒麻豆腐乳
● 白米粥

餐後甜點：青森蜜蘋果切盤

食譜

醋溜高麗菜：少許油爆香大蒜、乾辣椒、花椒，放入高麗菜炒至自己喜歡的熟度，淋入醋再燒一下，以鹽調味，即可享用。

二〇一七
9月9日（六）

●（急就章之）三色蛋
●清燙塌棵菜拌蒜頭醬油
●日本買回來的柚子小魚乾
●椒麻豆腐乳
●蔭瓜
●小米糙米粥

佐餐茶：冷泡丸八製茶場之加賀玄米茶
餐後甜點：珍珠芭樂切盤

● 突然想吃三色蛋。明明雞蛋只剩一顆，偏又心血來潮想挑戰蛋白蛋黃分離版、而非過往常做的偷懶陽春版，等入鍋開蒸後才想起根本沒時間等冷卻……硬著頭皮直接脫模切片，果然從比例到形狀都很難漂亮。

從來做菜總是任著性子和饞念胡來，這回顯然又是一次學不乖——不過管它的，好吃就好，開心就好。

食譜

三色蛋：皮蛋煮熟，與鹹蛋一起切小丁、鋪在容器內，淋上加入些許昆布柴魚高湯和鹽打勻的蛋白，加蓋、入鍋蒸至表面凝固，表面淋上蛋黃，續蒸至全熟。取出放涼後，脫模切片，即可享用。

午點&冰沙

週末假日傍晚，心情與步調都輕鬆有空檔時，便是我們的午點午茶時光。為了不影響晚餐，內容向來隨興極簡，多半就是沏一壺茶或手沖一杯咖啡，配上喜歡的甜點——為此，常會在假日前夕專程前往心儀甜點店採買一二以備所需；而若還更有閒暇，也常自己動手做。

通常不會是太複雜華麗的甜點，光就是一路加料攪拌、幾乎全無難度的磅蛋糕是我的最愛，踏實素樸滋味，一點不怕搶去或壓倒紅茶或咖啡的風采。再不然，一碗甜湯、一杯稍有厚度的飲品、一盅現打冰沙……不用豐盛、更不想大飽，只是稍稍微解解饞，其樂悠然。

二〇一四

4月6日（六）

● 自家製芒果乾香橙磅蛋糕

● 手沖台灣阿里山熱帶舞曲莊園咖啡

● 大愛果乾磅蛋糕。尤其以各色台灣本產熱帶水果乾製作，比起經典版常用的莓果杏桃葡萄等溫帶水果乾來，香氣滋味活潑明媚，更加合味。

食譜

芒果乾香橙磅蛋糕：奶油七〇克、紅糖六十五克、鹽少許一起攪拌至蓬鬆狀態，一面攪拌、一面分次加入一顆份量的蛋液。均勻混入一顆份量（小）的柳丁皮屑和果汁以及適量切碎芒果乾（先泡入前述果汁中軟化），篩入八十五克低筋麵粉與一小匙泡打粉拌勻。於預熱至攝氏一六〇度烤箱中烤約四〇～五〇分鐘、竹籤插入不沾粘狀態即可。

二〇一五
8月8日（六）

● 自家製金桔蔓越莓磅蛋糕
● PEKOE × Fika Fika 之餐後冰咖啡

● 雖更愛熱帶果乾磅蛋糕，但對傳統溫帶莓果版本仍存有些許依戀，只是做著做著還是忍不住偷加了金桔果皮果汁……一不小心又回到熱帶口味。
● 近幾年喜歡的家常簡單快手又能兼顧濃度與美味的喝法。只要把煮好的咖啡——以往用手沖、沖得比平常濃一些，近年來則偷懶直接用全自動義式咖啡機煮成 espresso，倒在圓球大冰塊上即可，輕鬆簡單！

二〇一五
5月4日（一）

肉桂鳳梨磅蛋糕

鳳梨盛產季，家中滿堆各品種鳳梨，單吃、打果汁打冰沙還吃不完，乾脆拿來做蛋糕；滋味酸香甜美、蛋糕體潤澤綿密，好好吃啊！

食譜

肉桂鳳梨磅蛋糕：鳳梨約一杯份量切小塊以奶油炒香，淋上適量蜂蜜與肉桂粉拌勻，小火煎炒至熟軟入味，靜置一旁。

奶油七〇克與紅糖六十五克混合打發至蓬鬆狀態，一面攪拌一面分次加入一顆份量的蛋液，篩入低筋麵粉八〇克、泡打粉一小匙、肉桂粉一大匙，攪拌均勻。再加入放涼之鳳梨與汁液，輕輕拌勻，倒入抹過油的模型中，於預熱至攝氏一七〇度烤箱中烤約三〇分鐘，竹籤插入不沾黏狀態即可。

二〇一四

12月20日（六）

● 冰糖桂圓紅棗銀耳

食譜

冰糖桂圓紅棗銀耳：新鮮白木耳洗淨切小塊，放入鍋裡加適量水、紅棗與桂圓小火燒至軟熟，以冰糖調味，即可享用。

二〇一八

9月16日（日）

● 金桔薄荷咖啡通寧氣泡飲

● 平常愛調的酸橘咖啡氣泡飲，這回稍作變化，同樣以濃縮咖啡為基底，但將酸橘汁換成新鮮金桔，氣泡水則以通寧水代替，放一點點紅糖提甜，再隨手丟一把薄荷葉增香……結果酸甜果味馨香苦韻活潑交織，三倍美味！果然苦是食飲迷魅之源，再次得證。

二〇一六 4月17日（日）

好久不見蛋蜜汁

做菜剩下的蛋黃，正尋思有什麼法子可以用掉，另一半突然說，想喝蛋蜜汁。

哇！真是久違了呢……明明年輕時街頭巷尾算是常見，自家裡也偶而做，但隨時間過去，卻漸漸就這麼罕見淡忘了。好在材料手邊都有，便再次沖調出來，果是多年不見舊時味，好生懷念！

食譜

蛋蜜汁：蛋黃一顆、蜂蜜一茶匙、檸檬汁1/2～1顆，柳橙汁與牛奶適量，和冰塊一起放入手搖杯裡充分搖勻，即可享用。

二〇一四 9月28日（日）

蜂蜜檸檬香蕉優格smoothie

食譜

蜂蜜檸檬香蕉優格smoothie：冷凍的香蕉＋原味優格＋蜂蜜＋檸檬汁，以果汁機攪打均勻即可。

二〇一五
8月2日（日）

金桔芒果冰沙

夏季，也是我家的冰品季。極少在家囤積外頭買的現成貨，原因在於，自己動手做冰沙，不但輕鬆快速容易，且素材品質盡可精挑嚴選，最重要是口味配方盡其在我，自然再不肯遷就市售品。

因此，習慣凍存各種當令水果以供此需——多虧台南家鄉直送水果不僅從不斷貨、且還常出現滿堆太過景況，從荔枝、芒果、葡萄、鳳梨、水蜜桃……還有年年朋友貼心餽贈的私房醃漬上好情人果，由著我整夏季一路打個不停吃個不停。

也因向來都是想吃才做，我的冰沙作法極是偷工直覺簡單。當然沒有冰淇淋機，也不耐煩慢慢凍慢慢刮；切小塊凍成冰硬的水果，加些如果汁、酒等水分，直接以手持電動攪拌棒或可打冰塊的果汁機攪打成細緻狀態即可——沒有完全打碎打勻也無妨，保留些口感更過癮。

而若時間不趕，打好的冰沙裝盒再多冷凍數小時甚至隔天，質地更綿密綿實，且融化速度慢、較能悠閒品嚐……當然，等不及的話，就馬上開動吧！暑熱高溫下，大口享用，才是暢快哪！

食譜

金桔芒果冰沙：芒果去皮去核切小塊，放入冰箱充分冷凍。取出，加入適量金桔皮屑與果汁，以手持電動攪拌棒或可打冰塊的果汁機混合攪打成冰沙狀，即可享用。

二〇一六
7月30日（六）

香蘋情人果冰沙

產季時凍存留下的情人果，加點檸檬與蘋果汁打成冰沙，酸甜沁涼果味襲人，炎夏午后來上一盅，再舒服不過！

二〇一五
7月5日（日）

蜜梅荔枝冰沙

食譜

蜜梅荔枝冰沙：荔枝去殼去籽封好入冰箱充分冷凍，梅子蜜餞去籽切小塊，以手持電動攪拌棒或可打冰塊的果汁機混合攪打成冰沙狀，即可享用。

二〇一五

10月4日（日）

● 梅酒葡萄冰沙

● 用出國前吃不完凍存起來的日本岡山葡萄做，果然從香氣到風味都充滿奢華感，美味哪！

二〇一八

7月8日（日）

● 百香荔枝火龍果冰沙

● 當令水果大爆炸，最簡單最高效之保存與去化之道，當然是打冰沙。這回主角是火龍果，加入先前凍存的荔枝和一點百香果汁、檸檬汁提味，頗驚喜是，口感更勝其他配方。

想來應是火龍果之質地柔軟、水分適中，輕輕鬆鬆就能打得綿柔細膩，加之特有的清香清甜味道與亮豔豔紫紅顏色，非常討喜——嗯，這個好，就此列入家常菜單！

二〇一八
3月24日（六）

黑白胡椒梅酒酸橘鳳梨荔枝冰沙

● 果物素材之外，一點點辛香料，更加提味增香！

食譜

黑白胡椒梅酒酸橘鳳梨荔枝冰沙：凍存的鳳梨與荔枝，加入適量梅酒、日式酸橘汁與少許現磨黑白胡椒，以手持電動攪拌棒或可打冰塊的果汁機混合攪打成冰沙狀，即可享用。

二〇一六
10月30日（日）

PEKOE 版本之 Affogato（香草冰淇淋＋espresso 咖啡）

● PEKOE 店內的 Affogato，由於香草冰淇淋來自特別訂製、咖啡豆更是自有配方，遂而多年來雖從來不曾大做宣傳，卻累積不少忠實擁戴者，有熟客週週甚至天天上門就為這味。日前，連朋友來家吃飯都指名這道。遂趁機多儲了些冰淇淋在家，家宴過後，自個兒安然享用啦！

二〇一八

4月8日（日）

香菜花生捲梅酒鳳梨冰沙

上月清明潤餅家宴剩下的餅皮存在冷凍庫好久遲遲沒用掉……欸，不如來做我超愛的宜蘭小吃「花生捲冰淇淋」吧：潤餅皮、PEKOE花生糖現打成花生粉、香菜，加上自家現打梅酒鳳梨冰沙包裹成捲，好個酸甜香潤、沁爽美味。

原來自家製花生捲冰淇淋這麼簡單，不用迢迢翻山遠赴宜蘭，太方便了！

二〇一七
5月20日（六）

薄荷情人果花生捲冰淇淋

清明潤餅宴剩餘食材再利用又一章。一如向來作風，家裡有什麼就放什麼：PEKOE花生糖打成花生粉，冰淇淋則用的是近期與SEASON主廚合作出品的「情人果天使容顏雪酪」；沒有香菜，陽台上摘幾片薄荷替代。

三兩下捲捲好一口咬下，嗯，雖非熟悉傳統組合，卻是清新酸甜沁涼香郁，別有一番風味，不輸正統版！

晚。

前面提過，習慣中午吃麵、晚上吃飯，尤其生就一副米食國度台灣肚腸，更是不可一日無飯，且非得兩菜一湯，吃飯配菜喝湯。

忙中還得照顧這麻煩胃口，遂而多年操練下，累積無數快手下飯菜單。這其中，最能立即應急登場者，當非涼拌菜莫屬：一點不需動油開火，直接削切淋拌，短短幾分鐘就能享用；尤其炎炎夏日，從做到吃都爽涼，恨不能天天餐桌上都有它！

二〇一六

8月12日（三）

● 涼拌梅泥秋葵金針菇
● 辣味鴨絲滷綠竹筍
● 菜脯番茄地瓜葉湯
● 土鍋白米飯

佐餐酒：沖繩比嘉酒造 五頭馬10年古酒 泡盛加冰
餐後甜點：豐水梨切盤

●向來喜歡有黏性的食材，山藥、秋葵、納豆、滑菇、蓴菜……都很愛，今晚一時興起，便做了這麼一道黏糊糊料理：將金針菇煮出黏度後切碎拌上秋葵，再以梅泥醬汁調味，黏稠滑口、清爽宜人，超下飯！

食譜

涼拌梅子秋葵金針菇：秋葵洗淨川燙切小塊、沖涼瀝乾。金針菇加適量日式高湯汁小火煮出黏性、靜置放涼後加入秋葵。日式梅乾剁碎、調入適量醬油和高湯汁，淋在秋葵與金針菇上，仔細攪拌使之黏稠，即可享用。

去年沖繩之旅抱回來的泡盛，非為原本目標清單上的酒款，單單是行程裡偶然試喝到覺得不錯，便順手買下。今日開瓶一飲，甘醇裡透著強勁的芬芳，泰國米香鮮明綻放，南國風情滿滿，比其他幾瓶都好，好生沉醉。

二〇一六

9月8日（四）

- 韓式泡菜醃小黃瓜
- 破布子滷桂竹筍
- 香菇雞湯
- 糙米飯

佐餐飲料：酸橘氣泡飲
餐後甜點：日本岡山 New PIONE 葡萄

食譜

韓式泡菜醃小黃瓜：小黃瓜洗淨切片，灑上適量糖、鹽、醋充分拌勻，加入切小片的韓式泡菜和些許泡菜汁，放入冰箱冰鎮至入味，即可享用。

二〇一六

11月30日（三）

- 酸辣番茄拌秋葵
- 紅燒牛筋燉豆腐
- 青蔥香菇蘿蔔絲湯
- 土鍋白米飯

佐餐酒：澳洲塔斯馬尼亞 Stefano Lubiana Primavera Pinot Noir 2014 紅酒
餐後甜點：軟枝楊桃切盤

食譜

酸辣番茄拌秋葵：番茄切丁，拌入切碎的大蒜以及日本橘醋（ポン酢）、辣油拌勻，淋在清燙過的秋葵上，即可。

二〇一六

11月11日（五）

● 山藥沙拉佐青蔥梅泥醬油汁
● 香蒜辣椒魚露鮮香菇四季豆
● 馬告蘿蔔燉雞湯
● 白米糙米飯

佐餐酒：法國 Jura Benedicte & Stephane Tissot Arbois Savagnin 2011 白酒
餐後甜點：梨山新世紀梨切盤

● 同為黏糊糊料理，山藥比秋葵更快手速簡，不需燙煮，直接去皮切絲即可，深得我心，與青蔥梅泥醬汁尤其絕配。但最好選擇日本山藥，生食口感較佳。

● 因對米飯的挑剔堅持，咱家的白米糙米從不一鍋同煮，因所需火候時間都不同，為求美味，定得分開煮後再混合。不過卻一點不費事麻煩——原因在於，向來炊飯習慣多備些份量，分裝冷凍後隨時取用，方便省時，暱稱「存飯」。只要同時備有白米與糙米存飯，便隨時有白米＋糙米飯可享。

食譜

山藥沙拉佐青蔥梅泥醬油汁：山藥去皮切絲排於盤上，日本梅乾去核、和青蔥一起混合剁碎，加入適量醬油拌勻，淋在山藥上，即可享用。

二〇一八

5月12日（六）

- 青蔥柚子胡椒梅泥拌綠竹筍
- 鹽烤檸檬七味多春魚
- 香蒜莧菜湯
- 土鍋白米飯

佐餐酒：奧地利 Weingut Johann TOPF Gruner Veltliner Strass im Strassertal Kamptal DAC 2015 白酒

餐後甜點：拉拉山水蜜桃切盤

- 坊間習慣以美乃滋配冷筍，我卻嫌太甜膩、始終吃不慣；反不如以帶甘味的醬油沾食，更能凸顯那水果般的爽甜清香。而偶而想再多點變化，則以醬油為底另調醬汁，添點兒果味果酸與辣，更活潑奔放。
- 釀梅酒的梅子取出後，除了當零嘴吃，我還頗愛以之入菜，香酸甜美且泛著微微酒香，比日本梅乾更甘潤和悅，別是另番滋味。

食譜

青蔥柚子胡椒梅泥拌綠竹筍：酒梅或梅子蜜餞去核，和青蔥一起剁碎，調入醬油與柚子胡椒拌勻，淋在切塊的綠竹筍上，即可享用。

很愛奧地利地的 Gruner Veltliner 品種葡萄酒，喜歡那兼容熱帶溫帶水果與草本植物的豐富芬芳，以及明亮沁爽的酸勁，怎麼喝都很少失望，配亞洲食物也好。唯一問題只有，酒名總是太長，好難記哪！

二〇一七

9月4日（一）

● 涼拌酸辣小黃瓜
● 柚子小魚炊飯
● 貢丸蛋花味噌湯

佐餐酒：義大利托斯卡尼 Pianirossi Sabine 2015 粉紅酒
餐後甜點：珍珠芭樂切盤

● 以往較少買小黃瓜，因為動輒一大包卻只能涼拌，變化太少，對兩口之家難免有些吃不消。不過自從在庄司泉的《旬味．野菜》一書中讀到，只要事先鹽漬起來，不僅可冷藏保存多日，且各種涼拌變化之外，也很適合加熱烹調，熱炒、燒湯皆宜，自此成為夏季常備菜。今晚這道便是以現存鹽漬小黃瓜另做變化，簡單好吃！

● 從小喝味噌湯長大的我，卻是來到台北後，才第一次在涼麵店裡見識到貢丸蛋花味噌湯。剛開始對這奇妙組合難免驚奇咋舌，多喝幾次後卻也漸漸習慣。果然味噌百搭，再次得證！

食譜

鹽漬小黃瓜：小黃瓜洗淨晾乾切滾刀塊、灑上適量鹽（一條小黃瓜約1/2茶匙鹽即可），放入冰箱靜置入味。可以直接吃，也可做各種料理應用。冷藏可保存數日。

涼拌酸辣小黃瓜：前述鹽漬小黃瓜加入切碎的蒜頭、辣椒，淋上適量醋、一點點醬油和現磨黑胡椒拌勻，即可享用。

貢丸蛋花味噌湯：柴魚昆布高湯煮沸，加入貢丸煮一下，淋上蛋液煮熟，灑上蔥花，熄火，以濾網溶入味噌，即可享用。

二〇一八
8月18日（六）

- 酸辣魚露拌刺瓜
- 泡菜韭菜鴻喜菇排骨豆腐鍋
- 糙米飯

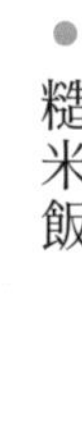

佐餐酒：台灣南投酒廠 Omar 波本花香單一麥芽威士忌
餐後甜點：金煌芒果切盤

- 以往總覺做先得加鹽排去水分的涼拌醃漬菜很耗時，非得留出一段等待時間，不適合咱家素來一意搶快的入廚作風。後來發現其實和燉煮料理一樣，只要流程掌握正確：一開始就先去皮切薄灑鹽，再分身做其他菜餚；後段回來擰去水分、拌入香辛料與調味料，等上桌時已經充分入味，既爽口美味又一點不麻煩，大愛！

食譜

酸辣魚露拌刺瓜：刺瓜去皮去籽切薄片，灑上適量鹽拌勻，靜置片刻，倒掉釋出的水分，灑上切碎的大蒜與辣椒，淋上魚露與檸檬或酸橘汁拌勻，略醃至入味，即可享用。

台灣南投酒廠基本款單一麥芽威士忌之波本桶版。洋溢花朵與香草、芭樂、金桔、芒果乾、無花果乾與些微木質和香料芬芳，口感圓潤明媚，尾韻清新有力；一派熱帶亞洲風情，與東方菜餚百搭。

豆腐豆皮豆乾

若要問我，世間無數食材中，最喜歡是哪道？我想豆腐絕對是其中名列前茅的一項。

其實並不是從一開始就傾心於豆腐的。早先，只是當作平日裡尋常無奇的一樣食物，未曾特別留心或偏愛；直到二十年前一趟京都旅行，清水寺一帶的小食攤裡，一道清清白白簡簡單單「湯豆腐」，應是真正逢上職人老鋪手作上品，加之異國異地滿心新鮮裡味覺特別敏銳吧！初嚐時雖覺樸素淡泊，然卻是越吃越覺幽香悠長地闊天寬。

——剎那間，味蕾記憶一路回溯到小時台南家裡，每日早餐桌上必定有的、清晨街上叫賣的流動豆腐攤上買來的那一方淨白板豆腐；盛在盤上橫直劃上幾刀、灑點蔥花淋點醬油，就這麼一筷子一筷子挾來就著熱騰騰的白粥下肚……平平常常親親切切，耐得十幾年吃下來從未厭膩，甚而因著太親密太貼近遂而未曾察覺這美味……

於是，就從當刻起，無可自拔戀上了豆腐，且還愛屋及烏，連其餘豆製品包括豆乾豆皮都一起上癮。

執著之深，不僅在外吃飯必點豆腐，自家餐桌時時都有豆腐料理身影，冰箱裡日日常備、一旦有缺便會陷入焦慮；且還什麼材料都想拿來和豆腐一起同燒，更神奇是幾乎都很好吃——讓我不禁想，如果把我曾煮過的豆腐料理列個清單，應該挺驚人的吧！

而長年烹調享用下來，越是深刻感受到豆腐獨樹一幟的魅力：乍看簡淡平易，卻因此全容不得敷衍，一旦不夠講究上選、便定然流於百無聊賴單調無奇；且一方面謙遜包容，各種食材都可與之同烹，實則內蘊深厚，和合共融裡，卻也從不曾被壓了搶了風采失了個性，反是海納百味後，更顯豐馥芬芳。

一次一次教會我，簡裡淡裡方能見無窮層次韻致的食、以至美之境界，咀嚼受用不盡。

二〇一八

5月18日（五）

- 青蔥蜂蜜雙味腐乳拌豆腐
- 蒜炒鹽麴香腸蘆筍花
- 泰式酸辣蝦湯
- 糙米飯

佐餐酒：奧地利 Weingut Johann TOPF Gruner Veltliner Strass im Strassertal Kamptal DAC 2015 白酒
餐後甜點：水蜜桃切盤

● 話說，拌豆腐著實忙／懶主婦救星，三兩下就可上桌，真是太方便了！其中，尤愛以腐乳拌豆腐，只不過每次做時都會想，嗯，這算親子飯、還是原湯化原食概念？

● 家中常備兩種豆腐乳：椒麻與米豆釀口味。單吃時自可分開品嚐，但若是調醬，則最宜一起拌和，麻辣甜潤兼而有之，再美味不過！

食譜

青蔥蜂蜜雙味腐乳拌豆腐：豆腐乳壓碎成泥，調入醬油、麻油、幾滴米醋與少許蜂蜜拌勻，均勻淋於豆腐上，灑上蔥花，即可享用。

二〇一六

8月25日（四）

● 柚香泡菜拌豆腐
● 鹽麴鴨皮炒火龍果花
● 香菇筊白筍湯
● 白米糙米飯

佐餐酒：法國波爾多 Chateau Haut-Batailley Pauillac 2008 紅酒

餐後甜點：凱特芒果切盤

● 韓式泡菜、醬油、麻油、醋與柚子胡椒，是我頗愛的無敵涼拌組合，拌豆腐絕佳，拌山藥、小黃瓜也不錯，超簡單、超下飯！

● 難得買到火龍果花，試著剝出花瓣以日前作菜剩下的鴨皮簡單拌炒，口感爽脆味道清甜且帶著淡淡花香，好吃！

食譜

柚香泡菜拌豆腐：韓式泡菜＋柚子胡椒＋醬油、醋、麻油拌勻，均勻鋪淋於豆腐上，即可。

二〇一七
5月21日（日）

・青蔥明太子高湯汁拌豆腐
・蒜炒破布子高麗菜心
・枸杞牛蒡排骨湯
・白米糙米飯

佐餐酒：梅酒泡盛
餐後甜點：蘋果切盤

二〇一六
5月11日（三）

・青蔥柴魚辣油拌豆腐
・蒜香牛蒡燒雞
・絲瓜湯
・白米飯

佐餐酒：法國布根地 Domaine des Heritiers du Comte Lafon Macon Milly-Lamartine 2012 白酒
餐後甜點：巨峰葡萄

食譜

蒜香牛蒡燒雞：大蒜與辣椒切碎、青蔥切段，以少許油爆香，放入以醬油略醃過的雞腿塊各面煎香，放入去皮切滾刀塊的牛蒡炒一下，倒入適量水與醬油，小火燒至牛蒡鬆軟入味，即可享用。

二〇一八

5月20日（日）

- 青蔥醬油燒豆腐
- 蔥薑鹽麴黑豬肉炒絲瓜
- 番茄鮮菇湯
- 白米糙米飯

餐後甜點：珍珠芭樂切盤

● 無數燒豆腐之方中，最愛始終還是最單純的青蔥醬油燒豆腐，好蔥、好醬油、好豆腐，簡簡單單，自有無窮滋味。

從來動人心魄、回味恆長的美味，常常在最極簡菜色裡湧現。而豆腐料理，總是讓我一次又一次，不斷領會、印證這一點。

食譜

青蔥醬油燒豆腐：少許油爆香蔥段（喜歡辣味的話也可放點辣椒），放入切塊的豆腐煎一下，倒入醬油與適量水，小火燒至入味即可。

二〇一七

3月31日（五）

● 牛肉版麻婆豆腐

● 蒜炒鹽麴小魚乾芥藍花

● 金華火腿菜心湯

● 糙米飯

佐餐酒：法國隆河區 Domaine Stéphane Ogier Le Temps est Venu rouge 2014 紅酒

餐後甜點：珍珠芭樂切盤

● 不知是否因傳統民風不吃牛肉者頗多，台灣普遍常用豬肉燒麻婆豆腐；但事實上只要試過原始正統版便知，牛肉之美味遠非豬肉可比，當然非牛肉不可！

食譜

牛肉版麻婆豆腐：少許油爆香薑蒜末，放入以醬油略醃過的牛肉末炒至香酥，淋入辣豆瓣醬炒勻，放入切塊的豆腐，加入適量水、醬油小火煮至入味，灑上花椒粉，即可享用。

二〇一七
4月4日（二）

● 麻辣腐乳青蒜燒豆腐
● 蔥薑豆豉柚子胡椒蒸盤仔魚
● 綠竹筍虱目魚丸湯
● 糙米飯

佐餐酒：蘇格蘭 The Balvenie Double Wood 17年單一麥芽威士忌 Highball
餐後甜點：木瓜切盤

● 愛以腐乳拌豆腐，也愛以腐乳燒豆腐，果然系出「同材」，分外融合哪！

食譜

麻辣腐乳青蒜燒豆腐：少許油爆香青蒜絲，放入切塊的豆腐煎一下，倒入醬油、豆腐乳與適量水拌勻，小火燒至入味即可。

Double Wood 系列中我頗喜愛的一支。波本桶陳十七年＋雪莉過桶八～九個月，花香、太妃糖、青蘋果與蜂蜜甜香習習，清亮柔和中透著濃潤。以半量氣泡水和冰塊調成 highball，香氣滋味依然分明，與鹹鮮菜餚佐搭很是合宜。

二〇一七
10月16日（一）

● 小魚乾泡菜燒豆腐
● 蒜炒鹽麴鮮菇櫛瓜
● 貢丸蘿蔔湯
● 糙米飯

佐餐酒：義大利 Piedmont Antico Podere Del Sant'uffizio Monferrato 2014 紅酒

餐後甜點：日本岡山麝香葡萄

食譜

小魚乾泡菜燒豆腐：少許油爆香蔥段，放入小魚乾煸香，再入泡菜炒一下，放入切塊的豆腐略煎，倒入醬油與適量水，小火燒至入味即可。

每回做飯時刻，總習慣一邊和另一半討論今晚的佐酒。於是常有如是對話：

我：「前幾天那瓶紅酒沒喝完，繼續享用吧！」

另一半：「咦，今晚吃魚／咖哩／泡菜／麻辣……紅酒可以嗎？」

我：「不是甲殼類海鮮，而且喝的是果香調，質感溫潤的紅酒喔！應該沒問題。」

結果往往十之八九都能和合——是的，酒與菜間的水乳交融可能性，其實遠比想像中寬廣；心態開放不設限，新得驚喜無窮大。

二〇一六

1月17日（日）

- 辣味榨菜皮蛋燒豆腐
- 鹽麴蝦米白菜滷
- 番茄玉米湯
- 糙米飯

佐餐酒：法國布根地 Bouchard Pere & Fils Bourgogne Hautes Cotes de Nuits 2013 紅酒

餐後甜點：澳洲塔斯馬尼亞櫻桃

- 皮蛋＋豆腐不但宜於涼拌，入鍋同燒也很棒，甘鮮濃美，好好吃啊！
- 常有人問起鹽麴的用法，對我來說，其實沒有那麼複雜，就當做與鹽和醬油同類型的調味品，比鹽多些鮮味、比醬油單純一些，端看想要什麼樣的風味，就選哪一種。

　比方今天，因另道豆腐已有醬油，遂改用鹽麴滷白菜，清爽甜美，好吃！

食譜

辣味榨菜皮蛋燒豆腐：適量油炒香蔥段與蒜丁，放入榨菜丁炒香，再入切小丁的皮蛋略炒，以鏟子推至一邊，放入豆腐略煎，倒入適量水與醬油、辣油拌勻煮沸，小火煨燉入味，即可。

鹽麴蝦米白菜滷：少許油爆香蒜頭、蔥段和蝦米，放入白菜梗炒至半熟，放入白菜葉，加入適量鹽麴與一點點陳年醋，小火滷至熟軟入味即可。

二〇一五

6月15日（一）

● 椒麻九層塔燒豆腐
● 蔥薑破布子煮赤鯮魚
● 鴻喜菇空心菜味噌湯
● 白米飯

佐餐酒：台灣啤酒頭釀造之「穀雨」烏龍茶啤酒
餐後甜點：土芭樂切盤

● 算是一種執念吧！不管再怎麼忙，只要有飯，就一定煮湯。

通常難有多餘心力時間慢燉雞湯或排骨湯，所以，各種簡單快速湯品始終是咱家餐桌主力。這裡頭，最常披掛上陣的，當非味噌湯莫屬。

但和自小台南家多以蜆仔或魚鮮入湯不同，味噌湯總被我當成「忙／懶人蔬菜湯」：風味百搭，和各種蔬材、特別是青菜都和合；不需費工熬燉，只消將日式高湯煮沸，放入當令青蔬燒一滾，熄火以濾杓溶入味噌、拌勻即成，快速方便又美味！

食譜

椒麻九層塔燒豆腐：蔥、蒜、辣椒切斜段，與花椒粒一起入鍋以少許白麻油炒香，倒入切塊的豆腐略煎一下，加適量水與醬油慢火燒至入味，加入九層塔再燒一兩分鐘讓香味散發，即可盛盤享用。

台灣知名精釀啤酒。口感柔和豐富，與其說茶香，反是鮮明的熱帶熟果香氣十分突出，蠻好喝。

二〇一七

7月7日（五）

- 花椒番茄香菇燒豆腐
- 蒜炒鹽麴韭菜雞丁
- 玉米排骨湯
- 土鍋白米飯

佐餐飲料：檸檬冬瓜茶

餐後甜點：愛文芒果切盤

食譜

花椒番茄香菇燒豆腐：少許油爆香花椒與切細的蔥與蒜頭，放入切半小番茄與切片的鮮香菇炒一下，放入切塊的豆腐略煎，加適量水與醬油燒至入味，即可享用。

二〇一八

3月3日（六）

- 蔥香梅乾菜櫻花蝦燒豆腐
- 鹽麴韭菜花炒花枝丸
- 干貝筊白筍味噌湯
- 土鍋白米飯

佐餐飲料：酸橘可爾必思氣泡飲

餐後甜點：奇異果切盤

二〇一七

2月13日（一）

● 扁魚白菜滷豆腐
● 山椒小魚玉子燒
● 番茄蘿蔔乾金針菇湯
● 糙米飯

佐餐酒：義大利西西里島 Lumera Donnafugata 2014 粉紅酒
餐後甜點：柳丁切盤

● 扁魚是咱心目中的台南家鄉味，更是滷白菜的不二之選，比常見的蝦米、宜蘭風的蛋酥都更熟悉親切。與豆腐同煮，兩大心愛菜餚合體，扁魚之鮮與白菜之甘盡入豆腐裡，太滿足啦！

食譜

扁魚白菜滷豆腐：少許油爆香蒜頭、蔥段和扁魚，放入白菜續炒至出水，放入豆腐，加適量水與醬油，小火滷至白菜熟軟、豆腐入味，即可享用。

二〇一八
2月24日（六）

● 椒麻酸菜臘肉臭豆腐
● 蒜炒鹽麴小魚乾筊白筍
● 茼蒿魚丸湯
● 糙米飯

佐餐酒：蘇格蘭 Longmorn 16年單一麥芽威士忌加冰
餐後甜點：青森蘋果切盤

● 豆腐料理向來給人安靜清雅感，但若是臭豆腐料理，則總覺必得以濃厚之味配它。今晚，便有點故意來個硬碰硬，與蔥薑蒜花椒辣椒、酸菜以及透著襲人煙燻氣的臘肉同燒，果然濃烈強勁、剽悍飽滿，超下飯！

食譜

椒麻酸菜臘肉臭豆腐：臘肉切片入鍋以小火煸出油脂，放入蔥、蒜、辣椒與花椒粒炒香，放入酸菜再炒一下，倒入切塊的豆腐略煎，加適量水與醬油，慢火燒至入味，即可享用。

既說硬碰硬，當然搭威士忌。尤其此款之盈盈果味甜香與豐厚腴潤酒體，似乎讓臭豆腐之香勁又更多添幾分，過癮！

二〇一八

2月26日（一）

● 泡菜滷牛肉臭豆腐蔬菜鍋

● 土鍋糙米飯

佐餐酒：日本鹿兒島 魔王 芋燒酎加冰

餐後甜點：蘋果切盤

● 同為硬碰硬濃味臭豆腐料理，這回改與韓式泡菜和婆婆給的滷牛肉同烹，感覺比前晚的臘肉酸菜椒麻口味更喜歡，鮮香甘鹹豐腴濃厚，發酵食材魅力盡顯，好美味一鍋！

● 習慣凍存些滷牛肉、肥腸、牛筋等備用。有些是外食時吃不完打包，更多來自婆婆的愛心餽贈。單吃之外，不管燒豆腐、燉蔬菜、炒麵炒飯都很棒，鮮鹹甘香，方便又好吃！

食譜

泡菜滷牛肉臭豆腐蔬菜鍋：少許油爆香蔥段與蒜頭，放入切塊的滷牛肉略炒，加入多量韓國泡菜炒香，再入切塊的臭豆腐拌勻，倒入適量高湯與醬油煮沸，小火煮至充分入味，放入金針菇與青菜燙熟，即可享用。

芋燒酎領域號稱三大夢酎之一的「魔王」，每回品飲都覺莞爾——名字聽來雄渾豪壯威風八面，嚐來卻極嫵媚潤甜、柔美芳香；名雖不符實，不過，好喝就好！

二〇一七

4月5日（三）

● 九層塔茼蒿拌豆乾
● 蒜炒鹽麴菜心雞腿絲
● 青蔥滑菇味噌湯
● 白米糙米飯

佐餐酒：日前沒喝完的粉紅氣泡酒＆紅酒
餐後甜點：巨峰葡萄

● 打算把日前潤餅家宴剩下的豆乾用掉，原本想做以前吃過的九層塔拌豆乾或茼蒿拌豆乾，結果兩種蔬菜庫存都不夠，索性全都用進去；結果清香潤爽，滋味比想像中更好，也算誤打誤撞。

食譜

九層塔茼蒿拌豆乾：白豆乾兩面香煎並以醬油調味，放涼切小丁。茼蒿與九層塔略燙過，擠乾水分，放涼切碎，加入豆乾丁，淋上適量醬油、麻油、少許烏醋拌勻，即可享用。

二〇一八

4月9日（一）

- 辣味小魚乾滷豆乾
- 蒜炒鹽麴大豆苗
- 香菜貢丸湯
- 糙米飯

佐餐酒：台灣威石東白中白2014氣泡酒
餐後甜點：雪梨切盤

● 早年開始自己動手前，總以為滷豆乾很麻煩，但實際做了以後，才發現心態一轉，只要素材夠好，其實可以非常簡單：

不用陳年老滷、也用不著五香料包，就和平常燒豆腐一樣，蔥薑蒜辣椒爆香後，把豆乾扔進去，加入適量醬油和水煮至入味即可。基本配方外，喜歡再多添一二佐料添味增香，蜂蜜、馬告、花椒、柚子胡椒效果都很棒；若想更華麗，還可加入小魚乾，味濃甘鮮，十足下飯。

唯一問題是，因為用的是PEKOE自家無添加焦糖色素的醬油，看上去顏色略淡、和市售豆乾不大一樣……不過，既知這才是真正本色原味，習慣就好。

每次喝威石東的白中白氣泡酒，都定然湧現滿心感動。太知道台灣葡萄酒之釀造環境無比艱險艱困，但卻竟能釀成如此乾淨澄澈、潤美多芳；在地金香葡萄特有的腴熟香氣則出人意表地詮釋得清麗可人。令人對台灣葡萄酒的未來油然萌生希望。

二〇一六
11月28日（一）

- 辣炒酸菜豆乾
- 清燙菠菜拌柴魚
- 青蔥小魚乾秀珍菇味噌湯
- 糙米飯

佐餐酒：日本鍋島 36 萬石 純米吟釀
餐後甜點：巨峰葡萄

- 每次滷豆乾都喜歡多滷一份，第一頓純吃，第二頓熱炒，比方今晚便和蒜、辣椒、酸菜一起炒香，又是另種不同變化。

二〇一六
10月28日（六）

- 蔥燒豆皮金針菇
- 皮蛋蒸蛋
- 莧菜貢丸湯
- 土鍋白米飯

佐餐酒：日本靜岡 磯自慢 雄町 43 純米大吟釀
餐後甜點：巨峰葡萄

- 幾乎大部分豆腐燒法都可改為豆皮版，豆味更濃也更有口感，同愛！

二〇一六

7月4日（一）

● 椒麻臘肉燒豆皮
● 蒜炒空心菜
● 紫菜魚丸湯
● 土鍋白米飯

佐餐酒：法國布根地 Lou Dumont Nuits-Saint-Georges 2008 紅酒

餐後甜點：豐水梨切盤

食譜

椒麻臘肉燒豆皮：少許油爆香臘肉丁、蒜頭、辣椒、花椒，放入新鮮豆皮兩面煎香，加入適量水與醬油，小火燒透入味，即可享用。

紫菜魚丸湯：適量水加蔥花煮滾，放入魚丸煮熟，再加入撕成小片的乾紫菜煮沸，以鹽調味，即可享用。

滷煮蔬菜

全書到此，應該大夥兒已經發現到，咱家餐桌上，蔬素才是主角，肉類海鮮只是串場配搭。

是的，年歲越大，漸漸食菜越多、食肉越少。原因一來固然是飲食口味漸趨清淡，難免越覺肉類濃膩，多生負擔；二來則是浸淫飲食世界日久，越能懂得蔬菜世界森羅大千，從種類到香氣肌理味道均遠比肉類紛呈多樣，其味其境甘香悠長，且隨時令流轉與烹調方式差異還有無窮變化，遂益發沉迷耽溺難能自拔。

尤其若以日常烹調言，蔬菜易煮快熟好處理，相較起肉、魚來輕鬆許多，更是加分不少。

這裡頭，最愛是滷煮蔬菜：冬日吃根莖、夏季則瓜筍類擔綱，長時間慢火烹得綿軟香甜，遠勝任何珍饈華餚。作法以日式滷煮料理為本，融入些許台式與個人習慣作法而來：蔥或蒜以少許油爆香，再加一二鮮或甘味素材，醬油和水，燒至熟軟入味即可。

單純極簡一點不費工夫，卻是盡享季節真味之方，回味無窮。

二〇一七

3月26日（日）

● 蔥燒牛肉末馬鈴薯
● 烤明太子
● 蒜香番茄小白菜豆皮燉鍋
● 白米飯

佐餐酒：沖繩比嘉酒造五頭馬10年古酒 泡盛加冰
餐後甜點：蜜棗切盤

● 據說馬鈴薯燒肉是日本家常菜代表，另一半和我也很愛，好吃好做，光此一道就可對付掉一大碗白飯。

但依照咱家慣例，主客定然顛倒，非為馬鈴薯燒肉、而是「肉燒馬鈴薯」；大部分時間甚至連肉都不用，單單只與炒軟的青蔥和洋蔥同燒，甘甜軟糯，比肉更好！

食譜

蔥燒牛肉末馬鈴薯：少許油煎香蔥段，放入以醬油略醃過的牛絞肉略炒，放入切滾刀塊的馬鈴薯炒香，加入適量醬油和水，小火燒透，即可享用。

二〇一四

11月13日（四）

- 薑香芋頭花枝煮
- 鮮香菇炒甜菜心
- 蘿蔔絲味噌湯
- 白米飯

佐餐酒：日本雪の茅舍祕傳山廢純米吟釀

餐後甜點：柳丁切盤

● 雖不像馬鈴薯燒肉那般廣受全民愛戴，但滷煮芋頭也是日本常見家常菜，和頭足類如花枝、透抽小卷等特搭。今天剛好先後買了新鮮活花枝與芋頭，所以就把他們送做堆了。花枝鮮腴、大芋頭鬆綿甜美，味道很好。且因天冷，一時興起放了許多薑，別有一番風味。

食譜

薑香芋頭花枝煮：適量水加醬油、清酒、紅糖與薑片煮開，放入切條的花枝燙煮至將熟隨即撈出，放入切塊的芋頭小火燒透，放回花枝再煮一滾，即可享用。

二〇一五
3月15日（日）

● 破布子洋蔥燒里芋
● 泰風酸辣番茄炒雞肉
● 空心菜花枝丸湯
● 糙米飯

佐餐酒：蘇格蘭Ledaig 10年單一麥芽威士忌 on the rock
餐後甜點：茂谷柑切盤

● 芋頭與頭足類雖然絕配，但和馬鈴薯一樣，最喜歡還是單只以洋蔥和青蔥慢燒，這回加了些破布子提點鹹鮮，更加好滋味。

食譜

破布子洋蔥燒里芋：洋蔥絲以少許油小火炒至熟軟，放入去皮切塊的里芋炒一下，倒入破布子、適量水與醬油充分燒透，即可享用。

泰風酸辣番茄炒雞肉：雞腿肉（雞皮撕去切細留用）與雞里肌各半剁碎、以醬油略醃，炒鍋內放少許油炒香雞皮，入碎雞肉炒一下，加入切碎的大蒜與辣椒丁拌炒至香味散發，加入番茄丁炒至所有配料熟透入味，淋入適量檸檬汁和魚露，放入多量九層塔拌勻，即可享用。

櫃子裡發現一瓶舊版Ledaig，一直頗喜歡的酒款，竟還有這瓶漏網之魚沒喝掉。興致勃勃開來享用——開瓶時還不慎斷塞，看來忘得夠久……果然優雅柔和的泥煤始終和泰式風味頗和合，舒服！

二〇一五
11月23日（一）

- 番茄破布子燒蘿蔔
- 蒜炒培根小白菜
- 綠竹筍雞湯
- 白米糙米飯

佐餐酒：澳洲 Hunter Valley Mount Pleasant Lovedale Sémillon 2007 白酒
餐後甜點：大湖草莓

- 破布子的鹹甘，提點蔬菜之清甜效果絕佳，和略帶酸味的番茄也合，好用極了！

食譜

番茄破布子燒蘿蔔：少許油爆香蔥段，放入破布子略炒，倒入切成滾刀塊的蘿蔔再炒一下，倒入適量水與醬油，小火燉至熟軟酥透，即可享用。

二〇一六
2月1日（一）

- 香腸燒蘿蔔
- 蒜炒鹹蛋豆苗
- 青蔥味噌豆腐湯
- 糙米飯

佐餐酒：日本秋田出羽鶴 飛翔の舞大吟釀
餐後甜點：珍珠芭樂切盤

食譜

香腸燒蘿蔔：香腸切小塊入鍋，小火煸出油脂，放入蔥段炒香，倒入切成滾刀塊的蘿蔔炒一下，倒入適量水與醬油，小火燉至熟軟酥透，即可享用。

二〇一五

1月9日（五）

- 梅乾菜燒蘿蔔
- 香蒜辣椒黑輪炒葉蘿蔔
- 番茄鴻喜菇湯
- 白米飯

佐餐酒：法國波爾多 Berrys' Good Ordinary Claret 2011 紅酒

餐後甜點：紐西蘭白櫻桃

- 和破布子近似，梅乾菜多用於滷肉，我卻更常與蔬菜或豆腐同烹，提點甘鮮外，嚐來比破布子更濃鹹深沉，佐飯良伴！

食譜

梅乾菜燒蘿蔔：梅乾菜略沖洗一下，略壓去多餘水分並靜置片刻。少許油爆香蔥段，放入梅乾菜炒香，再放入切成滾刀塊的蘿蔔略炒，倒入少許水與適量醬油，小火燒至軟透入味即可。

香蒜辣椒黑輪炒葉蘿蔔：少許油炒香大蒜和辣椒，加入切片的黑輪略炒一下，再入葉蘿蔔炒軟，以鹽調味，即可享用。

二〇一七

12月13日（三）

● 櫻花蝦雙味腐乳燒蘿蔔
● 辣炒小卷韭菜花
● 蒜味番茄金針菇湯
● 糙米飯

佐餐酒：蘇格蘭艾雷島 Bunnahabhain Frenchman's Rocks 干邑桶18年單一麥芽威士忌加冰

餐後甜點：蜜棗切盤

食譜

櫻花蝦雙味腐乳燒蘿蔔：少許油爆香蔥段和櫻花蝦乾，放入切滾刀塊的蘿蔔炒一下，加入米豆醸&椒麻豆腐乳，淋入適量水和少許醬油拌勻，小火燒至酥透，即可盛盤享用。

辣炒小卷韭菜花：韭菜花近根部較硬位置切碎，和切碎的辣椒一起以少許油爆香，放入小卷炒熱，再放入其餘韭菜花（切段）炒熟，以鹽調味，即可享用。

可能因為同時也很喜歡干邑的關係，干邑桶陳威士忌也是我頗感興趣的類別。此款初聞之際，Bunnahabhain 向來特有的鹽之花牛奶糖氣息首先清晰襲來，繼之以巧克力、糖漬橘皮、杏桃乾、脆糖榛果、肉桂與甘草香氣；口感比想像中更清雅，澄澈纖柔，微帶些許橡木桶的收斂感。豐富層次與複雜度，和味香濃勁的菜餚頗是相得益彰。

二〇一五

7月29日（三）

- 梅子滷牛蒡
- 蒜辣馬告香菇燒雞
- 蝦米絲瓜湯
- 白米飯

佐餐酒：法國布根地 Domaine Jean Collet et Fils Chablis Premier Cru 2009 白酒

餐後甜點：委實甜過頭之金蜜芒果切盤

食譜

梅子滷牛蒡：牛蒡去皮切段，和日本梅乾一顆同放入小鍋中，加入適量醬油，加水淹過牛蒡，小火滷透（可適時加水、注意不要燒乾燒焦），即可享用。

二〇一五

11月19日（四）

- 青蔥蓮藕味噌煮
- 椒麻腐乳玉子燒
- 香菇白菜湯
- 糙米飯

佐餐酒：沖繩「瑞泉 御酒 古酒」泡盛 on the rock

餐後甜點：粉紅葡萄柚切盤

食譜

青蔥蓮藕味噌煮：少許油爆香蔥段，放入去皮切塊的蓮藕略炒，加入適量水與少許鹽燒軟，加入味噌和少許糖拌勻，繼續燒透入味，灑入蔥花拌勻，即可享用。

二〇一五

6月24日（三）

● 香菇滷蓮藕
● 椒麻九層塔炒雞丁
● 番茄小白菜湯
● 糙米飯

佐餐酒：日本秋田 刈穗 醇系辛口80純米酒
餐後甜點：芭蕉切盤

● 小小心得分享：用日式昆布柴魚高湯煮番茄蔬菜湯，比起傳統的雞高湯或大骨湯來，更加鮮美有味。

前陣子日本東北旅行帶回的戰利品。迥異於早年清酒世界幾成主流的超高精米風潮，現在，算是一種返璞歸真吧！保留完整米之風味的低精米度純米酒漸成趨勢，百分之七十、百分之八十甚至百分之九十精米步合酒款一一出現。好奇之下，刻意找了一款來試。

一嚐之下，滿滿甜熟果香煞是迷人；口感豐潤渾厚、甜美無比，且透著有力的骨幹與微酸。以純飲論，比之傳統大吟釀之清逸高遠似是略顯粗獷喧嘩，但佐餐卻極和合，家常菜餚尤其速配……回想起昔往曾經戀念執迷追求的「如水」境界，對現在的我來說，也許這樣的清酒，更踏實、更對味。

二〇一六

4月27日（三）

- 雙蔥牛肉燒南瓜
- 辣拌皮蛋豆腐
- 小白菜魚丸湯
- 白米飯

佐餐酒：紐西蘭 Nelson Seifried Sauvignon Blanc 2014 白酒

餐後甜點：今季第一回愛文芒果切盤

食譜

雙蔥牛肉燒南瓜：洋蔥絲、青蔥絲、蒜丁以少許油炒軟，加入以醬油略醃過的牛肉丁炒一下，放入切滾刀塊的南瓜略炒，加入適量水、鹽與醬油，小火燒至鬆軟入味即可。

辣拌皮蛋豆腐：青蔥、皮蛋切碎，調入適量醬油、辣油、醋與麻油，淋在豆腐上，即可享用。

二〇一八

3月17日（六）

- 蒜燒干貝皇帝豆
- 辣拌清燙茼蒿菜
- 蘿蔔排骨湯
- 糙米飯

佐餐酒：日本鹿兒島魔王芋燒酎加冰
餐後甜點：蘋果切盤

- 難得碰到連豆莢的皇帝豆——不知是否心理作用，總覺現剝的特別香呢！

食譜

蒜燒干貝皇帝豆：少許油爆香切碎的大蒜和蔥段，放入略泡開的小干貝炒一下，加入皇帝豆（去皮或不去看個人口味）炒香，淋入適量水與醬油，小火燒至熟軟入味即可。

辣拌清燙茼蒿菜：蒜頭＋醬油＋辣油拌勻，淋在燙過的茼蒿菜上即可。

二〇一八
4月18日（三）

● 蒜燒扁魚番茄白菜
● 清燙秋葵拌香蒜辣椒檸檬魚露醬汁
● 冬筍排骨湯
● 土鍋白米飯

佐餐酒：法國羅亞爾河 Domaine du Clos de l'Elu Anjou Blanc Bastingage 2015 白酒
餐後甜點：關廟金鑽鳳梨切盤

● 狂愛番茄如我，向來頗熱衷嘗試各種番茄料理。多年積累至今，最大心得是，番茄與鮮味素材極合；特別是亞洲鮮味素材，醬油、味噌之外，如破布子榨菜醬瓜等漬物、蝦米扁魚小魚乾等乾物，都能激盪出迷人火花，酸香甘鮮，美味極了！

食譜

蒜燒扁魚番茄白菜：少許油爆香切碎的大蒜，放入扁魚煎至香酥，放入番茄和白菜略炒，加適量水與醬油，小火燒至軟透入味，即可享用。

二〇一七

11月13日（一）

- 干貝燒刈菜
- 辣炒豆乾牛肉絲
- 青蔥番茄秀珍菇味噌湯
- 土鍋白米飯

佐餐酒：日本鹿兒島縣 種子島酒造 紫極 本格芋燒酎加冰

餐後甜點：芭蕉切盤

●又是廚檯與電腦間不停來回飛奔情況下，一心多用勉力快手完成一頓飯。然心雖勞瘁，伴隨而來的樸實家常美味，卻足以療癒一切。尤其漸漸邁入當令的刈菜（芥菜，但我愛以台語稱「刈菜」）好好吃，更覺備受撫慰。

●忘記在那兒看過一個日本當地的調查，說大眾最不能接受的味噌湯食材裡，番茄名列前茅……當下大感意外，因為番茄味噌湯一直是我頗愛的一味；結果後來在某家一直頗喜歡的日本料理店喝到，主廚說他自己也很喜歡，讓我安下心來——就是說嘛，如此酸香鮮美滋味，怎會不搭！

二〇一八
2月8日（四）

- 蒜燒扁魚大心芥菜
- 海苔玉子燒
- 羅勒貢丸湯
- 糙米飯

佐餐酒：台灣裕豐紅高粱梅酒加冰
餐後甜點：蜜棗切盤

- 大心芥菜又稱芥菜心，是芥菜的莖用品種。和葉用芥菜的迷人苦韻不同，更顯清甜芬芳。

食譜

蒜燒扁魚大心芥菜：少許油爆香切碎的大蒜，放入扁魚煎至香酥，放入切滾刀塊的大心芥菜略炒，加適量水與醬油，小火燒至軟透入味，即可享用。

二〇一六
12月28日（三）

- 蒜燒枸杞佛手瓜
- 薑香味噌滷鯖魚
- 番茄春菊湯
- 糙米飯

佐餐酒：沖繩比嘉酒造 五頭馬10年古酒泡盛加冰
餐後甜點：台南七股香水草莓

食譜

蒜燒枸杞佛手瓜：少許油爆香切碎的大蒜，放入枸杞與去皮去芯切塊的佛手瓜炒一下，倒入適量水與醬油，慢火燉至熟軟，即可享用。

二〇一七

5月17日（三）

- 蘑菇燒綠竹筍
- 東坡肉
- 番茄櫛瓜味噌湯
- 糙米飯

佐餐酒：美國加州 Beringer Vineyards Napa Valley Merlot 2014 紅酒

餐後甜點：珍珠芭樂切盤

● 雖非經醃漬或發酵而成之鹹鮮素材，但菇蕈愛好者如我，也頗常用以滷煮蔬菜，兩種不同個性之甘香融於一體，美味極了！

食譜

蘑菇燒綠竹筍：少許油爆香蔥段，放入切片的蘑菇炒香，再放入切成滾刀塊的熟綠竹筍略炒，倒入少許水與適量醬油，小火燒至入味，即可享用。

二〇一六

7月15日（五）

- 蘿蔔乾燒絲瓜
- 豆乾炒牛肉
- 番茄蛋花湯
- 糙米飯

佐餐酒：法國普羅旺斯 Château Miraval Côtes de Provence 2014 粉紅酒&法國阿爾薩斯 Domaine Weinbach Pinot Noir W 2013 紅酒

餐後甜點：珍珠芭樂切盤

- 蘿蔔乾、醬瓜等漬物和破布子、梅乾菜一樣同屬鹹甘素材，用來滷煮蔬菜也很棒！

二〇一八

6月11日（一）

- 蒜燒櫻花蝦秀珍菇芋頭冬瓜
- 酸辣魚露番茄九層塔炒牛肉
- 蒜苗魚丸湯
- 糙米飯

佐餐酒：日本油長酒造 風の森 Petit 純米大吟醸 無濾過無加水生酒

餐後甜點：巨峰葡萄

- 難得看到芋頭冬瓜，還沒吃過的品種，當然立刻買來嚐嚐。果然好滋味，冬瓜味裡透著芋頭芬芳與綿細質感，香甜到兩人對搶！

做飯若是一心求速簡，全用熱炒對付最佳；若剛好還有存飯，一頓晚餐三兩下不到二十分鐘就可上桌，連另一半都措手不及嘖嘖稱快。

尤其最快最不費力費腦筋是炒青菜，蒜頭一拍一爆，青蔬下鍋一拌，略調個味就是一道；還不用費唇舌和網路上陣容龐大、氣勢洶洶的「青菜糾察隊」爭辯，這世界上不是只有綠油油葉類青菜才能算蔬菜。

但除非忙太晚累太過，我反而極少如此。因為喜歡吃得有變化，所以，應在晚餐各篇中都經常看得到，除了依然不拘泥於非得綠葉青菜外，也常另加其他食材一起炒。

最常登場是菇類，從口感到味道都更顯豐富；其餘如肉類、肉製品、小魚乾、豆乾、鹹蛋皮蛋、旗魚黑輪等也常入菜……甚至光只是扔一把枸杞，從顏色到甘味都多幾分活潑。調味料則最愛用是鹽麴，偶而點些魚露，比鹽更多幾分雋永。

根莖類如馬鈴薯、山藥等還可以試試以平鍋煎，煎得表面香酥內裡鬆綿透著微脆，十足美味。

二〇一七

7月26日（三）

● 香蒜檸檬醬油煎山藥
● 滷肥腸炒四季豆
● 青蔥蜆仔味噌湯
● 糙米飯

佐餐酒：西班牙 Sanlucar de Barrameda Rainera Perez Marin La Guita Manzanilla 雪莉酒

餐後甜點：巨峰葡萄

● 山藥最常見是生吃或煮湯，但我也喜歡用於滷煮或是切薄片輕煎。尤其後者，火候拿捏得宜，口感介於清脆與酥綿間，可口非常。

食譜

香蒜檸檬醬油煎山藥：橄欖油爆香切碎的蒜頭，放入切片的山藥香煎，一邊淋上適量醬油與檸檬汁，兩面煎至喜歡的熟度，即可享用。

二〇一七

2月22日（三）

- 蔥煎鹽麴櫻花蝦馬鈴薯
- 蒜燒瓜仔排骨
- 皮蛋菠菜湯
- 糙米飯

佐餐酒：法國布根地 Domaine Robert Chevillon Les Chaignots Nuits St. Georges 1er Cru 2007 紅酒

餐後甜點：蘋果切盤

● 說來有趣，晚餐桌上每每出現皮蛋湯，總會引發一陣疑惑。其實皮蛋入湯在港式菜餚裡並不少見，算不上什麼新奇獨創。我自己日常便很愛以皮蛋燒湯，與不同蔬菜搭配，總能多添幾分美妙的鮮爽感。最重要是快手簡單，去殼切塊便可下鍋，對頓頓無湯不歡的我來說，真是太方便啦！

食譜

蔥煎鹽麴櫻花蝦馬鈴薯：少許油爆香切碎的蒜頭與櫻花蝦，放入切薄片的馬鈴薯香煎，一邊灑上適量鹽麴，兩面煎至喜歡的熟度，即可享用。

蒜燒瓜仔排骨：蒜頭切丁，以少許油爆香，放入豬小排煎至表面金黃，加入醬瓜、適量水與醬油，小火燒透，即可享用。

二〇一六

7月28日（四）

- 櫻花蝦韭菜煎餅佐辣味橘醋醬汁
- 酸豇豆肉末炒香菇
- 蒲瓜魚丸湯
- 糙米飯

佐餐酒：澳洲獵人谷 Mount Pleasant Florence Sauvignon Blanc 2012 白酒

餐後甜點：蘋果切盤

食譜

櫻花蝦韭菜煎餅佐辣味橘醋醬汁：雞蛋加入適量鹽與胡椒打勻，拌入切段的韭菜與櫻花蝦；平底鍋放適量油加熱，以湯杓均勻舀起蛋液倒在鍋面上、使成薄餅狀，一杓一枚，兩面煎熟，佐上以辣油＋橘醋調成的醬汁享用。

二〇一六
10月3日（一）

- 蒜炒臘肉芥蘭花
- 高湯玉子燒
- 櫻花蝦番茄金針菇湯
- 糙米飯

佐餐酒：法國布根地 Domaine Didier Montchovet Bourgogne Hautes Cotes de Beaune 2014 紅酒

餐後甜點：杏李切盤

二〇一六
9月2日（五）

- 豆豉小魚乾炒鹽漬小黃瓜
- 玉米筍黑木耳
- 螞蟻上樹
- 桂竹筍花枝丸湯
- 糙米飯

佐餐酒：義大利托斯卡 Tenuta di Nozzole La Forra Chianti Classico Gran Selezione 2011 紅酒

餐後甜點：新世紀梨切盤

- 涼拌菜一章中提到的常備鹽漬小黃瓜（見第一五二頁）之熱炒版。由於風味百搭，像今晚這般和各種材料同治一盤熱熱鬧鬧當然好吃，但即使單單以蒜頭與番茄簡單輕炒，也是清爽好味道。

二〇一六

8月10日（三）

● 秋葵炒牛肉
● 三杯櫛瓜金針菇
● 綠竹筍花枝丸湯
● 糙米飯

佐餐酒：法國布根地 Maison Lou Dumont Ladoix 2011 紅酒

餐後甜點：嘉義民雄「鳳梨滿」之牛奶鳳梨切盤

● 用自家種羅勒取代九層塔做三杯料理，馨香與清揚感果然明顯不同，別是另番風味。

食譜

秋葵炒牛肉：少許油爆香蒜頭與辣椒，放入以醬油和太白粉略醃過的牛肉絲（入鍋前加幾滴油拌勻）炒至半熟，加入洗淨切段的秋葵炒熟，以鹽調味，即可享用。

三杯櫛瓜金針菇：適量麻油爆香切碎的蔥、薑、蒜、辣椒，放入切段的金針菇炒一下，再入切片的櫛瓜略炒，淋入醬油、米酒拌勻、稍煮入味，灑上九層塔或羅勒，蓋上鍋蓋燜約一分鐘，即可享用。

二〇一五

11月17日（二）

- 金沙綠竹筍
- 清燙地瓜葉拌香蒜肉燥醬油
- 小白菜魚丸湯
- 糙米飯

佐餐酒：日本獺祭二割三分純米大吟釀

餐後甜點：梨山蜜蘋果切盤

食譜

金沙綠竹筍：少許油爆香蒜頭與辣椒，加入切小丁的鹹蛋略炒，放入切滾刀塊的綠竹筍炒至均勻入味，嚐一下味道，若不足再以鹽調味，即可享用。

近年因喜好轉變緣故，偏好樸實飽滿有力度的純米酒，高精米度的大吟釀漸漸少喝了，然久久一次，那清澈細緻的高香，依舊迷人哪！

二〇一六
8月29日（一）

- 火龍果花兩吃之花瓣炒豆乾&花心排骨湯
- 洋蔥燉馬鈴薯
- 糙米飯

佐餐酒：義大利托斯卡尼 Tenuta di Nozzole La Forra Chianti Classico Gran Selezione 2011 紅酒
餐後甜點：凱特芒果切盤

- 前章豆腐篇出現過的火龍果花，切片炒鴨皮之外，這回心血來潮，將花心與花瓣分開，前者煮排骨湯、後者炒豆乾，果然兩道都清香美味，很棒的食材！

二〇一六
11月2日（三）

- 醋溜鹽麴白花椰
- 薑香芋頭燒雞
- 番茄櫛瓜湯
- 糙米飯

佐餐酒：法國布根地 Louis Jadot Fixin Clos Moreau Blanc Cote de Nuits 2013 白酒
餐後甜點：葡萄柚切盤

食譜

醋溜鹽麴白花椰：少許油爆香大蒜、乾辣椒、花椒，放入撕成小瓣的白花椰炒一下，淋入醋拌勻，加少許水燒至自己喜歡的熟度，以鹽麴調味，即可享用。

玉子燒&蒸蛋

總常有固定收看我的餐桌分享的朋友驚問，是否刻意不做重複的菜？是的，也算咱家餐桌特色吧！天生挑嘴怕膩緣故，一道菜只要吃過，幾個月內都不想再看到。因此自家煮食，即使是同樣的食材，也下意識不斷想方設法換花樣換組合換配方，務求吃得過癮盡興有變化。

但還是有些特別家常的菜色經常出現，比方玉子燒便是其一——對我而言好生神奇的一道蛋料理，透過煎、捲、壓等動作，讓柔軟的蛋有了綿厚的口感，踏實素樸，疲累時來上一道，暖胃暖心，安頓舒坦。

而十幾年不斷操演下來，步驟漸漸越來越簡化：比方因慣用的醬油滋味已夠豐富，多半不一定會再加高湯和糖，單純以蛋、醬油、牛奶和水調製蛋液。且也懶得過篩，也不再使用竹簾調整外型，鍋中以鏟子四面壓實就好。

而單純原味和傳統日式高湯口味之外，也常再捲入其他材料：明太子、烏魚子、海苔、肉鬆、漬物甚至香菜、皮蛋、豆腐乳等通通試過，款款美味，好配好搭。

摯愛不下於玉子燒，則是蒸蛋。執念之深，還記得學生時代，還因吃自助餐必點蒸蛋，而被同學戲稱為「蒸蛋公主」。

也和玉子燒一樣，素材一任隨興，信手拈來什麼都抓來入蛋。最要緊是蒸得滑嫩滑細無瑕，一大匙蓋於飯上，轉瞬扒個精光！

二〇一七
10月12日（四）

- 明太子玉子燒
- 蒜炒鹽麴蘑菇絲瓜
- 青蔥榨菜玉米湯
- 土鍋白米飯

佐餐酒：法國布根地 Domaine Louis Michel & Fils Montmains Chablis Premier Cru 2013 白酒
餐後甜點：奇異果切盤

• 在咱家，明太子玉子燒毫無疑問是各款玉子燒裡，高踞排行榜第一之最愛口味；鮮醇鹹香，超級下酒下飯！

食譜

原味玉子燒：雞蛋打散，加入醬油、牛奶、水拌勻（若用的是未加糖的醬油則可再加些糖）。玉子燒專用煎鍋燒熱，以筷子夾住飽吸了油的棉花或紙巾，在鍋子表面各角度完整刷上油。滴一滴蛋液在刷好油的鍋子表面，聽到悅耳的「唰」一聲、顯示熱度足夠後，轉中火，倒入三分之一份量的蛋液，轉動鍋子、使蛋液均勻分佈於表面，略煎成半熟、底面已凝固程度，以筷子或小鏟子小心將蛋從外往內捲起。

捲好後，將蛋捲推向最外側。在空出來的地方再均勻刷上油，倒入三分之一的蛋液。將蛋捲稍微往上挪，傾斜鍋子，讓蛋液流入蛋捲下方，並遍佈整個鍋面。一樣將蛋略煎成半熟、底面已凝固程度，以筷子將外側的蛋捲往內捲起。再重複一次以上步驟。煎好後，以鏟子輕壓各面調整形狀，即可起鍋、切片盛盤。

若想加入餡料，則在每層蛋液入鍋、稍微煎到將熟之際鋪在蛋面上伴隨捲起即可。

二〇一七

12月1日（五）

- 烏魚子玉子燒
- 蒜香咖哩小魚乾白花椰
- 番茄青松菜湯
- 糙米飯

佐餐酒：蘇格蘭 Speyside Longmorn 16年加冰

餐後甜點：武陵蜜蘋果切盤

- 大愛明太子玉子燒，但也覺烏魚子玉子燒之美味度一點不輸。想是一為醃漬、一為醃漬＋日曬，各自勾出不同魚子深沉雋永的醇鮮和鹹韻，與溫婉蛋香相搭配，旗鼓相當一樣出色。

二〇一八

4月12日（四）

- 香菜玉子燒
- 辣炒豆乾大豆苗
- 青蔥番茄香菇湯
- 糙米飯

佐餐酒：日前沒喝完的白酒&紅酒

餐後甜點：茂谷柑

- 上週潤餅宴買的香菜一直用不完，靈機一動切碎了煎成玉子燒，沒料到效果絕佳，另一半更大讚是僅次於明太子、烏魚子之後的第三名最美味搭配……嗯，雖說世人頗多避之惟恐不及，但對喜愛者而言，香菜魅力委實無法擋哪！

二〇一八

7月10日（二）

- 干貝香菇蒸蛋
- 婆婆給的酸豇豆炒肉末
- 番茄地瓜葉湯
- 土鍋白米飯

佐餐酒：澳洲阿德雷得 d'Arenberg The Stump Jump RSM McLaren Vale 2016 白酒

餐後甜點：蘋果切盤

- 光滑無瑕蒸蛋小撇步：以鋁箔紙充分覆蓋不使蒸氣回滴，且一直包覆至液面下，不讓蛋汁在沸騰時震動，就很容易蒸得漂亮。

食譜

干貝香菇蒸蛋：深盤或碗裡排入泡發的香菇與干貝，淋上適量蛋汁與一倍半～兩倍份量的水（調入泡香菇與干貝的水）和醬油、鹽拌勻，蓋上鋁箔紙，入鍋蒸約十五分鐘，待蛋汁凝結，即可享用。

Riesling、Sauvignon Blanc、Marsanne、Roussanne，歐洲從北到南四種葡萄釀成的白酒，頗是新世界酒莊的紛呈自在作風，且還釀得芳醇乾淨卻又活潑多香，價格表現比尤其優越；飲來輕鬆歡快。

二〇一七

1月15日（六）

- 蛤蜊蒸蛋
- 蒜炒鹽麴豆乾四季豆
- 糙米飯

佐餐酒：日本天琴古亀 純米吟釀10年古酒

餐後甜點：奇異果切盤

食譜

蛤蜊蒸蛋：二～三顆蛋打散，加入約一倍蛋汁份量的水或昆布柴魚高湯拌勻，深盤裡排入充分洗淨吐沙過的蛤蜊（盡量開口朝上），淋入蛋液，灑上蔥花，蓋上鋁箔紙，入鍋蒸約二〇～三〇分鐘，待蛋汁凝結、蛤蜊開口，即可享用。

二〇一六
2月24日（三）

● 私房懶人版三色蛋
● 蒜炒鹽麴豆乾豌豆苗
● 番茄玉米湯
● 白米糙米飯

佐餐酒：法國布根地 Domaine Amiot-Servelle Chambolle-Musigny Les Bas-Doix 2008 紅酒
餐後甜點：青森蜜蘋果切盤

● 大愛三色蛋，但老實說傳統作法（詳見午餐第一三一頁）對我而言委實有點費事。特別晚餐時段總是忙太晚，餓著肚子十萬火急只想馬上開飯之際，實在沒耐煩做它。

遂乾脆把皮蛋鹹蛋切丁一古腦扔進蛋液裡蒸……結果，長相雖然天差地別，味道卻還算有模有樣，自此經常比照。反正自家吃不用計較外觀，吃得自在舒服就好。

食譜

私房懶人版三色蛋：鹹蛋與皮蛋各一顆切丁，均勻灑入深盤中，雞蛋一顆打散，加少許水或高湯、少許牛奶或豆漿、一點醬油拌勻，倒入盤中，入鍋蒸至蛋液凝固，即可享用。

雖說咱家餐桌上，蔬素才是主角，肉類海鮮只是配搭；但比起肉類來，海鮮顯然更受青睞。

原因和蔬菜類似，一來海鮮種類多元多樣，變化較多端；二來烹調速度也快，不需經久熬燉，尤其家中人少量小，短如炒煮不過數分鐘，長如蒸魚則至多十數分，三兩下就能上桌。

特別魚、蝦與頭足類，由於近年優質產銷履歷冷凍品益發普及，可以冰箱裡隨時備存各種上選好魚好蝦好透抽軟絲花枝，大大紓解採買壓力，再怎麼忙怎麼懶怎麼宅都不怕，深得我心，更加頻繁登場。

二〇一七

5月24日（三）

● 蒜燒赤鯮
● 梅泥拌秋葵
● 紫菜蛋花湯
● 土鍋白米飯

佐餐酒：義大利 Piedmont Bruno Rocca Rabaja Barbaresco DOCG 2013 紅酒
餐後甜點：拉拉山水蜜桃切盤

● 一眾魚類菜色中，比起乾煎、清蒸、燒湯，最喜歡是滷煮作法：最基本只需蔥、薑、蒜、醬油，也可再多加上味噌或豆豉或破布子或漬物，簡簡單單快手燒煮，鹹醇甘鮮，佐飯超棒。

食譜

蒜燒赤鯮：適量油爆香蔥薑辣椒與多量蒜頭，放入赤鯮魚兩面煎香，加入醬油與水煮沸，轉小火煮至剛剛好熟，即可起鍋享用。

二〇一六

6月28日（四）

- 蔥薑味噌滷虱目魚肚
- 酸辣魚露拌皮蛋秋葵
- 香菇刺瓜湯
- 土鍋白米飯

佐餐酒：日本鹿兒島魔王芋焼酎 on rock
餐後甜點：嘉義民雄「鳳梨滿」之牛奶鳳梨切盤

●身為台南女兒，虱目魚始終是最親切熟悉的家常魚類，依戀非常，一陣子沒吃就要念想。

而記憶中，小時候家裡吃虱目魚極挑。都知這魚保鮮極難，遂而魚湯只能午餐、剛從市場買回之鮮度上佳時段，到了晚上就只能乾煎了。

且特愛啃魚頭，每回魚湯一上桌，大夥兒筷子齊伸目標都一樣，誰也不讓誰……到後來甚至一度出現乾脆全買魚頭的奇異解決法，一碗裡不見魚身光五個頭，人人有份不用爭搶；至今每回想起，都不禁失笑。

來北定居後，遠了產地，應是心理作用吧！魚湯總留著回台南時再喝，自己餐桌上則多為乾煎或滷煮。即使後來冷凍技術發達，明知品質其實不差，卻還是改不了這習慣。

比起魚湯的清鮮，乾煎與滷煮更有一種香濃扎實之氣，特別後者，痴愛醬油如我更是分外耽溺。

而除了醬油煮外，也偶而參考日本的味噌滷鯖魚煮法——常覺兩種魚風味有點像，但鯖魚海潮氣息鮮明，虱目魚則口感豪放、且肚脂更銷魂，取以代之，當然也很搭。

食譜

蔥薑味噌滷虱目魚肚：平鍋中灑入切細的蔥薑，虱目魚肚入鍋兩面煎至金黃，淋入清酒、醬油、味噌與適量水，小火略煮至入味，即可起鍋享用。

酸辣魚露拌皮蛋秋葵：魚露+檸檬汁+切碎的蒜頭、辣椒與皮蛋拌勻，淋在清燙過的秋葵上，即可享用。

魔王

二〇一五
1月18日（日）

● 梅子燒紅鰱魚
● 蒜炒玉米筍地瓜葉
● 蘿蔔湯
● 糙米飯

佐餐酒：德國 Flensburger Gold 啤酒
餐後甜點：珍珠芭樂切盤

● 因受台式烹法影響，滷煮魚鮮喜歡先煎再燒，多幾分噴香。但也常回歸日式煮法，直接放入沸騰的醬汁中燉滷，是另番淨爽味道。

食譜

梅子燒紅鰱魚：鍋裡放適量水（約至魚身一半高），加入醬油、酒、糖、薑片、梅子煮開，放入洗淨擦乾水分的魚，兩面煮熟，即可享用。

二〇一八

1月6日（六）

● 蔥薑豆豉燒白鯧

● 蒜炒鹽麴甜菜心

● 扁魚白菜湯

● 土鍋白米飯

佐餐酒：法國布根地 Domaine Jacques Carillon Les Champs Canet Puligny Montrachet Premier Cru 2014 白酒

餐後甜點：蜜棗切盤

● 因遭工作海嘯吞沒緣故，已然多日處於足不出戶埋首伏案狀態。數算一下，發現十天來，竟只四次外食，其餘二十六餐（！）全數在家解決。

宅性堅強煮婦：「欸，好像也沒覺得有什麼奇怪，可以就這麼繼續宅下去沒問題……」

另一半：「你沒問題我有問題！難怪老覺得每天都在洗碗洗菜，洗到膩了耶！」

食譜

蔥薑豆豉燒白鯧：適量油爆香蔥薑，放入白鯧兩面煎香，加入豆豉、醬油與水煮沸，轉小火煮至剛剛好熟，即可享用。

二〇一五
3月27日（五）

● 蔥薑蘿蔔乾煮白馬石斑
● 炒馬鈴薯絲
● 蝦米地瓜葉味噌湯
● 糙米白米飯

佐餐飲料：蜂蜜醋飲
餐後甜點：牛奶蜜棗切盤

● 台灣家常菜裡頗常以漬物烹魚，如破布子、蔭冬瓜、瓜仔脯、西瓜綿都是經典，以鹹甘提點魚鮮，很是美味。讓我不禁想，那麼，應該蘿蔔乾也有同樣效果？一試之下果然不錯，習習蘿蔔香氣尤其更添清爽。

二〇一六
12月8日（四）

● 辣味酸菜燒鮭魚
● 扁魚白菜滷
● 番茄玉米湯
● 土鍋白米飯

佐餐酒：希臘 Santorini Domaine Sigalas Assyrtiko 2014 白酒
餐後甜點：摩天嶺甜柿切盤

希臘葡萄酒經驗不多，但這款無疑令人驚豔。從風味到口感都透著不俗的力道、堅實結構與複雜度；也感覺得到耐久的潛力，再過幾年應該會更精采。

二〇一六

2月27日（六）

- 海紅鯛炊飯
- 破布子滷海紅鯛
- 蔥薑海紅鯛湯
- 蒜炒鹽麴菠菜

佐餐酒：美國加州 Sonoma Freeman Ryo-fu Chardonnay Russian River Valley 2013 白酒

餐後甜點：柳丁切盤

● 得了一尾個頭巨碩的海紅鯛，兩人吃有點太大，遂決定做成三吃：魚頭燒湯、魚腹滷煮、魚尾炊飯。各有風味，大飽滿意哪！

以往總覺加州酒濃厚故日常喝得少，近年卻發現越來越常見清雅細緻的酒款。此款出自日裔女釀酒師之手，酒標還標了日文漢字「涼風」。果然如微風般清爽多香，圓潤中帶著優美的酸度，搭配全魚大餐剛剛好。

二〇一六 10月5日（三）

- 蔥薑魚露蒸馬頭魚
- 豉椒滷百頁豆腐
- 蘿蔔乾莧菜湯
- 糙米飯

佐餐酒：澳洲 Hunter Valley McWilliam's Mount Pleasant Elizabeth Semillon 2013 白酒
餐後甜點：麻豆正老欉文旦柚

食譜

蔥薑魚露蒸馬頭魚：蔥段、薑片鋪於魚身上，淋上魚露、醬油、米酒與鹽調成的醬汁，放入鍋中蒸熟即可。

豉椒滷百頁豆腐：切細的大蒜、蔥段、辣椒與豆豉以少許酒爆香，放入百頁豆腐兩面略煎，加入適量水與醬油，小火滷至入味，即可享用。

二〇一四 12月22日（一）

- 蔥薑破布子蒸紅條
- 剝皮辣椒炒蠔菇
- 蝦米小白菜味噌湯
- 白米糙米飯

佐餐酒：楯野川 源流 純米大吟釀
餐後甜點：黑珍珠蓮霧切盤

- 說來有趣，一般印象裡，破布子向來是魚料理的好朋友，無論清蒸滷煮都合宜，然在我家，卻最常是與各類蔬菜搭配；久久一次在魚鍋裡重逢，反還少許萌生幾分新鮮感。

二〇一五

11月27日（五）

- 蔥薑柚醋鹽漬鯖魚蒸豆腐
- 蒜炒高麗菜心
- 鮑魚烏骨雞湯
- 糙米飯

佐餐酒：蘇格蘭 Talisker 10年單一麥芽威士忌加冰

餐後甜點：甜柿切盤

- 頗愛經過鹽漬的魚或一夜乾，比起鮮魚來風味更濃縮也更複雜。一般多為乾煎，但其實蒸或用來炊飯也好。

食譜

蔥薑橘醋鹽漬鯖魚蒸豆腐：鹽漬鯖魚與豆腐排於盤中，蔥薑切末鋪於魚身上，淋上以適量醬油（份量視鯖魚鹹度調整）、米酒與日本橘醋調成的醬汁，放入鍋中蒸熟，即可享用。

我的餐桌常備酒款。繁複蒸餾程序與偏遠北地蘇格蘭島嶼之劇烈多變風土養成，香氣口感既豐潤飽滿泥煤燻味習習卻又明亮馥郁，既甜美卻又層次完整結構芳醇嚴謹，和滋味與內蘊豐富菜餚佐搭尤其出色。

二〇一五

9月10日（四）

- 香煎九層塔黃魚一夜乾
- 蒜炒滷肝秋葵
- 番茄金針菇湯
- 白米飯

佐餐酒：日本新政酒造「亜麻猫」純米酒
餐後甜點：日本岡山ニューピオーネ無籽葡萄

食譜

香煎九層塔黃魚一夜乾：適量油爆香薑片，放入九層塔略炒以使香味散發，取出置放一旁備用。放入黃魚一夜乾兩面香煎，起鍋前一兩分鐘將九層塔放回增香，煎至外酥內熟程度，即可享用。

也是日本此波清酒新浪潮的代表銘柄。別出心裁以通常用於燒酎的白麴釀造。酒體透著微微氣泡感，酸味、甜味、米香、果香皆強烈，豐裕亮麗、飽滿爽勁，非常具有葡萄酒感的一支清酒。無負盛名，十分折服。

也因之前已先猜度到這鮮明個性，特意做了味濃的菜餚來配，果然旗鼓相當。

二〇一四
4月20日（日）

● 香蒜韭菜燒鮮蝦
● 味噌滷紅白蘿蔔
● 番茄金針菇湯
● 五分胚芽米飯

佐餐酒：澳洲 Henschke Julius Eden Valley Riesling 2012 白酒
餐後甜點：金鑽鳳梨切盤

食譜

香蒜韭菜燒鮮蝦：少許油爆香蒜片，排入鮮蝦略煎後，翻面，鋪上切段的韭菜，灑上適量海鹽，蓋上鍋蓋燜一下，待鮮蝦變紅，韭菜轉熟，開鍋略拌一下，即可享用。

味噌滷紅白蘿蔔：少許油爆香蔥段後入紅白蘿蔔炒過，再加適量水和醬油煮至將熟，最後下味噌滷至入味，即可享用。

二〇一八

4月26日（四）

- 椒麻鮮蝦粉絲煲
- 蒜炒鹽麴蘑菇刺瓜
- 韭菜花貢丸湯
- 土鍋白米飯

佐餐酒：法國 Le Gin de Christian Drouin 之琴酒檸檬蘇打

餐後甜點：巨峰葡萄

● 這道其實是偷學自我婆婆的菜。如果沒記錯，應是剛與另一半交往時，第一次坐上婆家餐桌時就已邂逅。那回，深深傾倒於婆婆的手藝，一點顧不得矜持，放懷埋頭大吃到其他人都早已停箸，我還硬是不肯下桌。

說來有趣是，可能是對我非比尋常的饞相留下太深刻印象，之後每上婆家作客，當時特別執戀的幾道都定然出場，持續好長一段時間才換菜。

而椒麻鮮蝦粉絲煲便是其中之一。

婆婆做菜極直率，少見繁複工序（但當然和我的貪懶偷工完全是不同境界），一路到底，淋油下料調味重手豪放，但道道都是酣暢淋漓好好吃。學不來下料調味的瀟灑氣魄，但那份直率卻給我極多啟發，是識食懂做之人方能有的直觀洞見，受益無窮。

食譜

椒麻鮮蝦粉絲煲：蔥薑蒜辣椒切細，以少許油爆香，放入鮮蝦兩面略煎，放入泡軟的粉絲，加入適量水，淋上醬油、麻油、幾滴醋與花椒粉拌勻，蓋上鍋蓋略燜至粉絲熟軟入味，即可享用。

戀上琴酒後，偶而嘗試以之佐餐。以類似 Gin Fizz 的作法，調入蘇打水、檸檬但不加糖漿，清新爽勁芳華多香，與辛辣甘鮮的海鮮菜餚頗搭！

二〇一七

5月7日（日）

- 《深夜食堂》之酒蒸蛤蜊
- 蒜炒鹽麴雙菇白豆乾
- 洋蔥番茄高麗菜湯
- 糙米飯

佐餐酒：義大利薩丁尼亞 Murales Lumenera Vermentino Di Gallura 2014 白酒

餐後甜點：巨峰葡萄

● 說來奇妙，我好像直到看了電視劇版的《深夜食堂》後，才終於動念想做裡頭的菜。

不知是否先入為主心態所致，始終喜歡漫畫版多些。總覺得電視劇表現太直接直白，且還常多添加些不必要的枝節，不如漫畫的清淡安靜、餘味餘韻悠遠。

唯一不同是，看漫畫版時沉醉的是情節場景與氛圍本身，以及蘊藏在食物裡的人情；電視版，則相對影像活色生香，且還常細細講述菜餚之作法訣竅，分外勾動食慾，看著看著禁不住就開始嘴饞心癢。

遂而，應該是幾年前公共電視台播出期間，一集播畢，另一半突然說，想吃酒蒸蛤蜊。

這有何難？我倆極愛蛤蜊，相似的菜色家裡不知做了多少回，只不過，和劇裡一模一樣的版本倒是還沒做過，當堂馬上照著做了出來……嗯，比我過去做的蛤蜊料理都更輕鬆快速，味道卻是出奇地精采有個性，確實不俗。

於是又更多領略了《深夜食堂》料理的魅力：看似澹泊樸素，卻自有其獨特迷人滋味，正是我心目中之日本家常菜神髓。

就這麼成為全書中最受青睞的一道，比其餘菜色登場頻率更高。

後來，飯島奈美的《深夜食堂料理帖》中文版在台推出，拿到書，馬上翻開也是先看這道，有趣的是，和以往做過多次的電視版作法不大一樣，不先煎香蒜頭、不放奶油，顯然更單純清爽。

只不過試做後一嚐，發現還是比較喜歡電視版。

食譜

《深夜食堂》電視版之酒蒸蛤蜊：少許油煎香切碎的蒜頭和去籽辣椒，放入洗淨吐沙過的蛤蜊，倒入適量清酒，蓋上鍋蓋小火燜蒸，等蛤蜊一一開口後，放入一小方奶油、淋上些許醬油，待奶油溶解，拌勻，灑入蔥花，即可享用。

第二回喝這款白酒，比起上回餐廳裡淺酌更加驚艷。芬芳妍媚的熱帶水果香氣撲鼻，入口卻是圓潤中帶著淨爽，酸度也高雅，可算歷來薩丁尼亞白酒中分外傑出的一款。

平生愛米飯。摯愛之深，一兩日沒吃飯，便覺惶惶然無所安頓。即連行旅歐洲，近年也下意識喜往南方走，初時略覺不解，漸漸才想懂：原來是主食常有飯，味蕾肚腸舒服了，所遊所見都多生好感。

執戀之深，對米飯品質自然要求也高。早年關注都集中在米本身上——當然不是日本米，早從十數年前開始講究米就發現，只要花些心思好好挑、認真煮，台灣米之豐盈飽滿黏糯不僅一點不輸，且不知是否因熱帶風土緣故，甚至覺得甜味與芬芳都更活潑強勁，比之日本米的婉柔香雅別是另種風情。

品種則特色各見千秋，但最重要是種植認真用心，品質精細整齊，尤其新鮮現打且保存狀態佳，都是美味保證。

煮法，則是直到近年才越來越精益求精。早年受限廚房條件、膽不出多餘爐台，遂除了菜飯外，白飯糙米飯大多都只用一口二十年垂垂老矣電子鍋對付；長年琢磨下來，更加印證只要米本身夠上選、米水比例逐批精確拿捏穩妥，大致都可達至少七八十分滿足。

尤其在外旅行，租住附帶廚房的公寓時，偶而直接用所附湯鍋克難煮飯，也常八九不離十；遂對道具此事始終抱持開闊隨心，並不苛求定得多麼高大上。

但還是心知肚明，緻密好鍋＋直火炊煮自有其難能取代魅力。

遂而二〇一三年末，居家全面翻修改造完成，新廚房從設備到空間大幅拓展，爐口足夠，當下立刻改以手邊現有這幾口土鍋與鑄鐵鍋炊飯。

於是驚喜發現，比起電子鍋來雖得多花些心思留意火候狀態時間，但卻極快速省時，口感更是上佳：一開鍋，米飯粒粒晶瑩挺立，土鍋飯綿實、鑄鐵鍋飯香柔，美味度大幅翻升，直逼九十分水準。

上癮越深，沒兩年，終是按捺不住，打破素來在器物道具上從不追高的審慎持守；一趟京都行，硬是奮勇大手筆把憧憬嚮往多年、飯鍋界眾人仰望的夢幻之鍋——「雲井窯」的黑樂飯鍋抱了回來。

果然名不虛傳！雲井窯土鍋飯，外柔細內裡卻透著曼妙的Q彈，綿裡藏心，越咀嚼越覺有滋有味個性分明；頓時一舉跨越九十五甚至上看滿分大關——相較一般土鍋雖只少少幾分距離，然所謂極致不就是如此？單單毫釐之差，便已夠無窮玩味。

而白米飯之外，糙米飯也一樣經常出現餐桌上。對此，每常有人抱持疑惑……事實上，和白米一樣，只要糙米夠好，且一樣好好認真煮，最重要是真心欣賞糙米飯的渾樸味道和嚼感；對現在的我來說，反而常覺糙米比白米吃起來更豐富有層次，分外樂在其中。

二〇一七
3月15日（三）

● 土鍋白米飯
● 酸辣魚露炒番茄蘑菇牛肉
● 高湯玉子燒
● 虱目魚丸茼蒿湯

佐餐酒：紐西蘭 Central Otag Felton Road Bannockburn Pinot Noir 2014 紅酒
餐後甜點：梨山蜜蘋果切盤

● 咱家廚房裡，炊飯此事，始終是一道道需得日日費心演算的繁複算數題。

原因在於，對米飯美味度和份量的錙銖必較，早習慣次次隨鍋具類型、白米糙米每批米的狀態、冬夏溫濕變化、每日佐菜所需口感與飯量……不斷上上下下微調，就這麼把事情一路越搞越複雜。數字白痴如我，對此自是完全束手無策。剛巧咱家另一半素來對心算能力自豪非凡，且還很不厚道地長年以嘲笑唬弄我為樂；當然就此拿住藉口、理直氣壯全仰仗他，且還題目越出越刁鑽：

我：「來，數學時間又到！」

另一半：「（洋洋得意）沒問題，儘管放馬過來！」

我：「我們平常兩碗白米飯量需要1.15杯米，但今天需要三碗飯；而米水比例則想試試改從先前的1:1.2，略調整為1:1.15。所以現在，得放多少米＋多少水下鍋呢？計時一分鐘請回答！」

另一半：「（張口結舌）……」

好在複雜若此，雖然答題速度略晚於平常，但仍舊使命必達，沒有辱沒「（自稱）人肉計算機」之名。更棒則是，煮出的白米飯果然粒粒潤澤飽滿、香Q甜美，兩人大呼滿意，對這「廚房裡的數學題」於是更加樂此不疲。

●常有人問起炊飯的作法，每每說到時間之際總難免有些為難，因為隨米量水量、材料狀況、鍋具大小甚至材質都會有差異。就連我自己早先剛入手時，在拿捏上也頗覺麻煩，後來漸漸領悟出最佳不敗撇步——依賴聽覺與嗅覺！

當鍋中沸騰、氣口冒出白煙後，便不時留意散發的氣味，待米香逐漸濃郁、繼之開始摻雜些許烘焙香，且沸騰聲音消失、炊煙漸顯微弱時，差不多就是熄火時刻了。

如若喜歡微焦的鍋粑，則可將火略轉大再烹數十秒到一分鐘，等烘烤氣息更明顯再關火。

如是，一鍋美味炊飯就這麼輕輕鬆鬆簡單上桌囉！

食譜

土鍋白米飯：輕快淘米洗米三數回，第二次以後可適度邊洗邊摩擦米粒，洗後充分瀝乾。米水比例1:1～1.2，置入土鍋中浸泡約二〇分鐘。開中大火煮至沸騰，轉小火燜煮約一〇分鐘，關火燜約一〇～十五分鐘，開鍋以翻切方式拌勻，蓋回鍋蓋再燜幾分鐘，即可享用。

土鍋糙米飯：米水比例1:1.25～1.3，置入土鍋中浸泡約一小時。開中大火煮至沸騰，轉微火燜煮約四〇分鐘，關火燜約一〇～十五分鐘，開鍋以翻切方式拌勻，蓋回鍋蓋再燜幾分鐘，即可享用。

※此為雲井窯土鍋煮法。日常食用米種為PEKOE之台南十六號白米與台南十四號糙米。實際米水比例和烹煮悶蒸時間可視鍋具以及米的特性（品種、季節或不同農家來源會有微妙差異）、爐具火力等變因微調。熟習後就很容易上手。

二〇一七
2月10日（五）

- 虱目魚肚炊飯
- 蒜炒鹽麴地瓜葉
- 青蔥酸菜豆腐湯

佐餐酒：日本宮崎渡邊酒造場 黑麹旭萬年芋燒酎加冰
餐後甜點：信義鄉豐丘之黑火炭巨峰葡萄

- 白米糙米飯之外，也常偷師日式煮法，將飯與料同冶一鍋，有飯有菜，省事省力。次數多了，遂越來越能領會，和我愛的大部分菜式一樣，內容越簡單越好；尤其若能得一上選材料，其餘什麼都不用多放，連昆布或高湯都嫌畫蛇添足。

果然所謂「簡單即美」，著實人生裡生活中餐桌上日日不斷印證的真理哪！

- 各種口味炊飯中，最愛是將魚鮮和飯一起炊煮，光就一尾好魚、一點好醬油，魚汁精華盡入米粒中，美味得讓人一碗接一碗。尤其本就香野脂腴味濃烈的虱目魚肚，烹來比其他魚類效果更佳，叫人怎能不上癮！

食譜

虱目魚肚炊飯：米水比例1：1.1，置入土鍋中浸泡約二〇分鐘，淋上適量醬油，放入兩面抹鹽略煎過的無刺虱目魚肚。蓋上鍋蓋，開中大火煮至沸騰，再轉小火煮約一〇分鐘。關火燜約一〇～十五分鐘，開鍋以翻切方式連魚帶飯拌勻，蓋回鍋蓋再燜幾分鐘，即可享用。

二〇一七
5月13日（六）

- 柚子胡椒柳葉魚炊飯
- 蔥蒜辣椒馬告香菇蜂蜜滷豆乾
- 梅菜綠竹筍湯

佐餐酒：美國加州 Beringer Vineyards Napa Valley Merlot 2014 紅酒
餐後甜點：蘋果切盤

食譜

柚子胡椒柳葉魚炊飯：米水比例1：1.1，置入土鍋中浸泡約二〇分鐘，淋上適量醬油，放入表面抹上鹽與柚子胡椒略煎過的柳葉魚。蓋上鍋蓋，開中大火煮至沸騰，再轉小火煮約一〇分鐘。關火燜約一〇～十五分鐘，開鍋以翻切方式連魚帶飯拌勻，蓋回鍋蓋再燜幾分鐘，即可享用。

蔥蒜辣椒馬告香菇蜂蜜滷豆乾：蔥薑蒜辣椒切細，與馬告一起入鍋以少許油爆香，放入泡發切片的香菇炒一下，放入豆乾，加入適量水、醬油與蜂蜜小火滷至入味，放涼、切片，即可享用。

一般總言紅酒配紅肉、白酒配海鮮，然事實上，除了鮮味海味濃厚的甲殼類海鮮之外，魚類與芳馥輕柔多果香的紅酒其實蠻搭。比方今天這款加州 Merlot，口感甜潤可人，與柳葉魚炊飯、滷豆乾和筍湯都配，佐餐寬廣度極高，醺然滿意一餐。

二〇一八
7月8日（日）

● 油漬沙丁魚蠔菇炊飯
● 韭菜花炒旗魚黑輪
● 青蔥番茄味噌湯

佐餐酒：法國布根地 Meo-Camuzet Chambolle-Musigny 2014 紅酒
餐後甜點：紅肉李切盤

● 發現最最輕鬆簡單的魚類炊飯法——全不需費心備料，罐頭油漬沙丁魚直接挾出鋪在米水上、淋一匙醬油同炊，就是一鍋香美好飯。忙／懶煮婦又得偷工省力新招！

食譜

油漬沙丁魚蠔菇炊飯：米水比例1：1.1，置入土鍋中浸泡約二〇分鐘，淋上適量醬油，放入油漬沙丁魚（只取魚不取油）和切片的蠔菇。蓋上鍋蓋，開中大火煮至沸騰，再轉小火煮約一〇分鐘。關火燜約一〇～十五分鐘，開鍋以翻切方式連料帶飯拌勻，蓋回鍋蓋再燜幾分鐘，即可享用。

二〇一七

11月1日（三）

- 小卷炊飯
- 蒜炒鹹蛋莧菜
- 蝦米扁蒲湯

佐餐酒：法國布根地 Claude Dugat Gevrey-Chambertin 2008 紅酒

餐後甜點：蜜李切盤

- 和另一半爭論究竟哪種海鮮炊飯才是最讚：他說小卷炊飯甘鮮爽口，我則力挺虱目魚肚炊飯香濃腴潤……兩人餐桌上你一言我一語，整鍋扒個精光仍然相持不下——嗯，看來勝負難分，還得繼續較量下去才行！

食譜

小卷炊飯：米水比例1:1.1，置入土鍋中浸泡約二〇分鐘，淋上適量醬油，放入小卷。蓋上鍋蓋，開中大火煮至沸騰，再轉小火煮約一〇分鐘。關火燜約一〇~十五分鐘，開鍋以翻切方式連料帶飯拌勻，蓋回鍋蓋再燜幾分鐘，即可享用。

二〇一七

3月11日（六）

- 花枝一夜乾炊飯
- 蒜炒鹽麴秋葵蘑菇
- 青蔥酸菜豆腐湯

佐餐酒：法國西南區 Domaine de Richard Bergerac Sec 1996 白酒

餐後甜點：白蓮霧切盤

食譜

花枝一夜乾炊飯：米水比例 1：1.1，置入土鍋中浸泡約二〇分鐘，淋上適量醬油，放入花枝一夜乾。蓋上鍋蓋，開中大火煮至沸騰，再轉小火煮約一〇分鐘。關火燜約一〇～十五分鐘，開鍋取出花枝切小塊拌入飯中，即可享用。

蒜炒鹽麴秋葵蘑菇：少許油爆香切丁的大蒜與少許辣椒，放入切塊的蘑菇炒至將熟，再入切塊的秋葵略炒兩三分鐘，以鹽麴調味，即可享用。

二〇一五
12月4日（五）

● 鮮蝦蘆筍花炊飯
● 酸菜蘿蔔湯

佐餐酒：義大利 Friuli-Venezia Giulia Girolamo Dorigo Ribolla Gialla 2010 白酒
餐後甜點：大白柚

食譜

鮮蝦蘆筍花炊飯：鮮蝦略煎過表面，去殼切丁並留下蝦頭備用。米水比例1：1.1，置入鍋中浸泡約二〇分鐘，淋上適量醬油，放入蝦頭、蝦身與切段的蘆筍花。蓋上鍋蓋，開中大火煮至沸騰，再轉小火煮約一〇分鐘。關火燜約一〇～十五分鐘，開鍋以翻切方式連料帶飯拌勻，蓋回鍋蓋再燜幾分鐘，即可享用。

二〇一八

5月10日（四）

● 櫻花蝦綠竹筍炊飯
● 香蒜辣椒檸檬魚露拌金針菇小黃瓜
● 酸菜狗母魚丸湯

佐餐酒：奧地利 Weingut Johann TOPF Gruner Veltliner Strass im Strassertal Kamptal DAC 2015 白酒

餐後甜點：黑珍珠蓮霧切盤

● 天還涼爽，但夏季食材已經紛紛而出，於是，餐桌也跟著換季囉！

食譜

香蒜辣椒檸檬魚露拌金針菇小黃瓜：小黃瓜洗淨切塊，以鹽略醃約半小時以上，倒掉釋出的水分。金針菇川燙、瀝乾、切小段，和小黃瓜一起盛盤。切碎大蒜、辣椒、魚露、檸檬汁均勻混合，淋在金針菇小黃瓜上，拌勻，即可享用。

二〇一八

3月24日（六）

● 段木鮮香菇昆布蘿蔔炊飯
● 香蒜青蔥番茄燒獅子頭
● 柴魚小魚乾空心菜味噌湯

佐餐酒：Monkey 47+Thomas Henry之Gin & Tonic調酒
餐後甜點：杏李切盤

● 難得買到新鮮段木香菇，遂與白蘿蔔和昆布一起炊飯，一整鍋清芬甘雅，好吃極了。越來越覺得，海鮮類炊飯固然鮮美饞人，然蔬食炊飯的澹泊悠遠，似是更耐人回味久長。

食譜

段木鮮香菇昆布蘿蔔炊飯：米水比例1：1.1，和一片昆布一起置入土鍋中浸泡二〇分鐘後，加入適量醬油與鹽，放入蘿蔔絲與切片的鮮香菇，蓋上鍋蓋，中大火煮至沸騰，轉小火慢煮約一〇分鐘，熄火悶約一〇～十五分鐘，開鍋以翻切方式連料帶飯拌勻，蓋回鍋蓋再燜幾分鐘，即可享用。

香蒜青蔥番茄燒獅子頭：少許油炒香蔥段與蒜丁，放入切塊番茄炒香，加入備存的獅子頭略煎，淋入適量水與醬油，小火煮至入味即可。

原本對Gin & Tonic沒有太多偏好，直至近年迷上琴酒後才發現，原來Tonic water本身也自成一格——好琴酒、好Tonic water，常能撞擊出迷人火花。看來又是另個值得好好深入探究玩味的豐富品飲世界。

二〇一八

4月13日（五）

● 皇帝豆炊飯
● 味噌豬肉豆皮蔬菜鍋

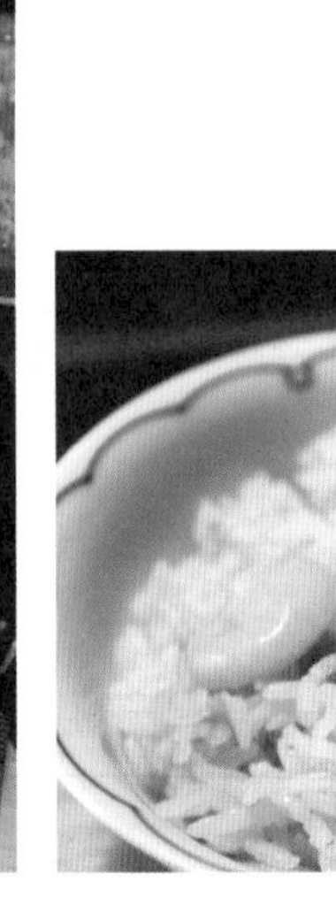

佐餐酒：蘇格蘭艾雷島 Bruichladdich Octomore 07.4
單一麥芽威士忌 highball
餐後甜點：蘋果切盤

● 越來越對清清爽爽蔬食炊飯上癮。今天用的是皇帝豆，淡泊香遠，果然好滋味！

近年品試的各版本 Octomore 中，頗陽剛硬派的一款。大膽採用高比例法國全新橡木桶熟成酒液，果然使之強烈散發出松木、皮革與香料氣息，間中透著清晰的單寧收斂感；細細品味後，潛藏其中的香草、奶油、甜熟水果、蜜餞等香氣，方才伴隨著高達167PPM的強勁泥煤氣與微微島嶼海潮鹹味，合而徐徐綻放。

調成 highball 後稍顯柔和繽紛，與濃郁味噌鍋和大地氣息悠悠的皇帝豆炊飯搭配，自有趣味。

二〇一七
6月21日（三）

- 水果玉米炊飯
- 蒜炒 XO 醬甜菜心
- 蔥薑虱目魚湯

佐餐酒：法國羅亞爾河 Domaine Vacheron Sancerre 2013 白酒
餐後甜點：玉荷包荔枝

- 去年在奈良的米其林三星料亭「和やまむら」吃到玉米炊飯，一嚐難忘。剛好這兩天得了產地直送水果玉米，一時興起便來做做看。為了盡享這當令之味，遂只用最單純基本方法烹煮，連昆布都沒放；果然滋味清爽甜美口感佳，餘韻雋永悠長，回味無窮哪！

食譜

玉米炊飯：米水比例1：1.1放入鍋中，加適量鹽拌勻。放入整根洗淨的玉米（放不下可以切半），蓋上鍋蓋，如常炊飯。開鍋後取出玉米，剝下玉米粒倒回鍋中，以翻切方式連料帶飯拌勻，蓋回鍋蓋再燜幾分鐘，即可享用。

二〇一七 4月29日（六）

- 豆豉排骨青江菜炊飯
- 茶油燒酒蝦
- 蒜炒臘肉球芽甘藍

佐餐酒：法國薄酒來 Chateau Thivin Cuvee Marguerite Beaujolais Villages 2014 白酒

餐後甜點：蘋果&珍珠芭樂切盤

- 趁婆婆來家吃飯，試做將於本年度產銷履歷農產品代言宣傳影片中親身示範的菜餚。製作團隊開出的命題，需使用影片中所探訪的米、豬肉、青江菜和蝦做料理……略構思後，組合成「豆豉排骨青江菜炊飯」與「茶油燒酒蝦」兩道菜。

特別炊飯，兼容了港式豉汁排骨煲飯的素材＋台式菜飯的先炒料步驟＋日式炊飯的烹法，三方合體，卻出乎意料之外頗對味，香濃爽口不油膩，舉桌盡歡。

食譜

豆豉排骨青江菜炊飯：小火爆香蒜丁，放入以豆豉、醬油與米酒醃三〇分鐘的豬小排，快手將表面煎香上色，並酌量淋上剩下的醃汁與豆豉入味。取出排骨和豆豉，倒入切小丁的青江菜，快速拌炒一下。

米水比例1:1.1，置入土鍋中浸泡約二〇分鐘，淋上適量醬油拌勻，表面依序鋪入青江菜和豬小排。蓋上鍋蓋，中大火煮至沸騰，再轉小火煮約一〇分鐘。關火燜約一〇~十五分鐘，開鍋以翻切方式連料帶飯拌勻，蓋回鍋蓋再燜幾分鐘，即可享用。

茶油燒酒蝦：薑片與蔥段以適量苦茶油小火煎香，放入鮮蝦拌炒，淋上米酒，引火燃去酒精，倒入高湯，加入枸杞與泡發的紅棗略煮至鮮蝦轉熟，以鹽調味，即可享用。

少有機會喝到薄酒來村莊級白酒，好奇買來一嚐，清爽中見圓潤多芳，很合口味。

前面篇章裡，幾次提到「存飯」。是的，維持這習慣至少十幾年以上了吧！每次煮飯，不管白米糙米，必然是一整大鍋炊煮起來，吃掉其中兩碗，其餘分裝密封放涼後冷凍，以備日後之需。

其實最早是從日本類似省錢大作戰主題的綜藝節目學來的方法，首要目的在節電；沒多久又在另一美食節目中瞄到，說是可讓米飯更香甜可口的秘方……這太有趣了！既能省電又能好吃，當下馬上照樣模仿看看。

一試之下，嗯，省電與否沒有精算，美味度呢，發現確實發揮些許調節水分口感之效——但對我而言，最大收穫卻是省時省工，畢竟米飯一次炊煮，從一開始的洗米浸米到最後的回燜，動輒需得花費一小時以上時間，糙米飯還更加倍；但若是存飯，微波解凍加熱不過短短幾分鐘，實在太輕鬆啦！

從此以後，咱家冰箱裡總是定然備有存飯，得它之助，不僅日常可以不到二三十分鐘便兩菜一湯一飯上桌，還能快手延伸出如清粥鹹粥、炒飯、飯糰等變化。而若是忙碌太晚筋疲力盡，腹飢如雷鳴、一刻等不得之際，想當下立即馬上開飯，蓋飯，則是不二法門。

蓋飯者，一如字面所示，直接將菜料蓋於飯上。內容豐儉由人，儉者，台味如備存肉臊、豬油或鵝油香蔥甚至光是煎枚半熟荷包蛋淋一瓢醬油；日式如山藥泥飯、灑上柴魚片再淋醬油的貓飯。

豐者如親子飯、牛丼，以至簡單炒、燴或拌一道略帶醬汁的菜餚鋪於飯上……無論豐儉，都不花什麼氣力工夫，且還多幾分大口扒飯的豪邁酣暢，可謂絕佳偷懶同時痛快吃飯之方。

二〇一七
2月19日（日）

● 蒜香醬油牛小排蓋飯
● 蒜炒雞皮球芽甘藍
● 青蔥火腿蘿蔔湯

佐餐酒：法國布根地 Domaine Robert Chevillon Les Chaignots Nuits St. Georges 1er Cru 2007 紅酒
餐後甜點：大湖草莓

●說來奇妙，從事飲食研究與寫作工作越久，平素在家，卻是益發吃得簡約清淡：當令蔬材果物，點到為止調味，烹調上力求快手輕鬆，也多以燙、煮、燉、拌、蒸為主，最多清炒、從不油炸。

但雖說如此，畢竟也不是就這麼整個兒清心寡欲全不近葷腥了，若見油花與肉質俱美麗無比的上等好牛肉，也偶而忍不住動心，少少買他一點，回家簡單調理了，大快朵頤一番。

至於吃法，由於還是無法吃多，遂而，除了片得飛薄後下鍋涮燙外；最得我家另一半喜愛、點菜率最高的，則當非這道略帶和風氣息的「蒜香醬油牛小排蓋飯」莫屬。

只要試一次就知道，牛小排與醬油、大蒜和白飯特搭！蒜香解膩、醬油則能完美帶出牛肉與油脂的甜美；尤其連肉帶汁鋪覆在噴香彈牙的白飯上，白飯粒粒沾裹濃腴的肉汁與醬汁，絕對美味得叫人瞬間失了理智，連牛肉帶白飯，一筷子一筷子飛速划入口中，直到碗底朝天了，仍不捨停箸。

最棒是作法簡單到幾乎全不費工夫，唯獨幾點需得稍微注意：最好選擇略有厚度的肉片，口感最佳；醬油則盡量以鹹度較低且透著甜潤感者風味較好。還有速度，見牛肉變色便要快快進行下一動作，五～七分熟度，最肥嫩好吃。上桌前，若喜歡較辛辣口味，可以在碗邊點上些許柚子胡椒相佐，更有滋味。

●前面提過，習慣酌量凍存些滷製肉品以備不時之需；事實上，滷味之外，如鹽水鴨鵝、燻雞白斬雞等也很實用。尤其喜歡將肉與皮脂分開裝袋，皮與肥脂細切了，鍋裡小火煸得香酥、油脂釋出後用以炒菜，滿盤生香。

食譜

蒜香醬油牛小排丼：平底鍋燒熱，將牛小排肉片迅速排入鍋中，小火單面略煎出油脂後，在肉片四周灑下切成小丁的大蒜粒，隨即將肉片翻面，淋上適量醬油，略燒入味便速速起鍋、整齊排放於白飯上。鍋中餘下的蒜粒與醬油仍以小火續燒至略顯濃稠後，淋於牛肉和白飯上，即可享用。

一般總習慣以濃厚紅酒與肥腴牛肉相佐，我自己卻獨愛清雅多層次的布根地或Pinot Noir，總覺清晰的酸度足能解膩，果香與肉味相得益彰，細緻的質地與結構則勾勒味覺的深度，絕配哪！

二〇一六

7月9日（六）

- 山藥泥蓋飯
- 蒜炒鴨皮綠蘆筍
- 番茄鴻喜菇味噌湯

佐餐酒：日前沒喝完的布根地紅＆白酒
餐後甜點：甜桃切盤

● 每回吃山藥泥蓋飯總覺神奇，明明是這麼清淡單純的料理，卻總能從中吃出懾人的鮮美、餘韻綿長；所謂淡中自有無窮滋味，就是這麼一回事吧！

食譜

山藥泥蓋飯：山藥去皮磨泥，與適量柴魚昆布高湯和醬油拌勻，淋在白飯上，灑些許蔥花，即可享用。

應是彼此間的大地之味的相互共鳴吧！發現布根地紅酒與味道樸實的根莖蔬菜很搭，前晚的滷牛蒡、今天的山藥泥，都頗和合，配起來好舒服哪！

二〇一八

4月29日（日）

● 明太子山藥泥蓋飯
● 香煎竹莢魚一夜乾
● 舞茸小松菜味噌湯

佐餐酒：瑞士 Guido Brivio Contrada Bianco di Merlot DOC 2014 白酒
餐後甜點：愛文芒果切盤＆巨峰葡萄

● 明太子與山藥泥都是我摯愛的佐飯料，連袂登場，著實奢華若登仙哪！

● 之前曾幾次提過，忙／懶貪快煮婦如我，在日式家常菜裡得到許多滋養和靈感。最關鍵領會在於，只要掌握素材特性，便能三兩下輕鬆快手簡單對付一餐，且依然美味滿滿。今晚，便又得一證。

很少喝到瑞士葡萄酒，尤其是以 Merlot 紅葡萄釀成的白酒。好奇下買來嚐嚐，清新爽勁的花香果香礦石氣裡透著甘潤的蜜甜，挺好喝的嘛！

二〇一八

3月14日（三）

● 滷牛筋蛋包蓋飯
● 水菜魚丸湯

佐餐酒：法國薄酒來 Domaine Chahonald Morgan 1977 紅酒
餐後甜點：珍珠芭樂切盤

● 諸事纏身，加之稿債堆如山，忙亂了個不可開交，且心中思慮百千，弄得直至晚餐時間已過，人站廚檯前都還靜不下心，要命的是家中生鮮食材幾乎已達彈盡援絕程度……那麼，就用最速簡方式做吧！

取出凍存的婆婆的滷牛筋切片略煎、多餘滷汁調入散蛋裡煎成蛋包，一古腦全蓋在白飯上；配上快手煮就的蔬菜魚丸湯，竟也覺美味俱足。果然日常餐桌，真的可以非常直覺簡單。

食譜

婆婆的滷牛筋／牛肉：適量油爆香薑片，加水和醬油、米酒，蔥、辣椒、草果、甘草、桂皮、花椒、陳皮、八角，放入整條牛筋或牛腱，小火滷約一小時後加冰糖，繼續滷至柔軟綿爛，即可享用。

二〇一八

4月19日（四）

● 肉臊飯＋半熟荷包蛋
● 青蔥蘑菇燉人參山藥
● 蝦米菠菜味噌湯

佐餐酒：蘇格蘭 Deanston 2008 Bordeaux Red Wine Casks 單一麥芽威士忌加冰

餐後甜點：金鑽鳳梨切盤

● 家中常凍現成肉品除了滷味、雞鴨外，當然還有肉臊。無論蓋飯、拌燙青菜、炒菜、拌麵、煮米粉湯都相宜。

和滷味一樣，從來等不得自個兒動手，光是擅廚好友的聞名遐邇名作，比方長年以復興台南古早料理為志業的婉玲姊那甜蜜軟柔家傳古早味肉臊，亦或阿正主廚的超邪惡全肥肉臊，便已夠一年到頭從不斷貨，太幸運了！

● 到底是從什麼時候起，開始熱烈風行在肉臊飯上蓋半熟荷包蛋呢？小時在台南從未試過的吃法，印象中第一次是在阿正的餐廳裡吃到，這幾年卻是越來越常見到，確實絕配，喜歡！

🍷 Deanston 全新在台上市酒款，單寧清晰有力，紅色果乾與木質、香料氣息鮮明，單飲強悍，加冰後佐搭鹹甜均濃厚料理頗有潛力。

快手咖哩

雖說一年比一年更渴望著放慢生活與工作節奏，然說來有趣，我的做菜速度以及花在上頭的時間，卻竟是越來越快、越來越少。

當然，絕不是不再喜愛工序繁複、細火慢燉的料理；但是，平素在家煮食，快手煮就、簡單調味的菜色，卻始終還是我的最愛。

其中原因，一來是原就偏愛清淡清簡、原食原材本來滋味；其次，也是益發喜歡在家自煮自食，因此，盡量簡化工序，不僅能夠有效撙節時間、兼顧忙碌工作，烹調上輕鬆不費力，也更多些心情餘裕好好享受美味。

而也就在這力求快速簡約過程裡，除了許多原本就是三兩下就可信手完成的簡易菜式外，同時也漸漸發現，不少既定印象裡相對耗時的料理，其實只要稍微改變思維步驟與食材選擇和處理方式，同樣可以迅速一揮而就。

比方咖哩，過往總是習慣大塊大塊蔬菜肉類一鍋裡慢慢熬燉；然而有回，忙過一天筋疲力盡飢腸轆轆，偏就是任性著非想吃咖哩飯不可，靜心略略思考半晌，想起平日常隨手快煮的一鍋燒咖哩烏龍麵不也是咖哩嗎？只要轉換一下形式，應該就可做出搭配白飯的咖哩來！

於是，將肉去骨或片薄，捨去常用的、需以長長時間慢慢煮軟的胡蘿蔔、馬鈴薯等塊莖類不用，改以較快熟的蔬菜或各式菇類取代，不但易煮且更添鮮甜滋味。另外，還加入切碎的番茄，藉由番茄的果香與微酸，讓咖哩的滋味更豐富且清爽不膩。

此外，以中式炒菜鍋取代燉鍋，炒菜鍋傳熱效率高，更能在短時間內將材料燒得軟嫩入味。

還有，改掉過往先熱鍋熱油再入材料的習慣，冷鍋放油、倒入洋蔥丁大蒜丁後，先拌一下，讓洋蔥大蒜充分裹上油脂後再開小火拌炒，不僅不容易燒焦，且能減少用油量，最重要是能很快炒得金黃熟透。

這樣下來，熟練的話，只消區區十多分鐘內就可完成一道咖哩！而成果也確實還不錯；雖不見得能與知名館子裡大廚們花費十數小時甚至數日以上精心烹製的咖哩相提並論，卻已然辛芳甘潤、色香味俱全。

二〇一七 9月15日（五）

● 番茄秋葵鮮菇雞肉咖哩＋糙米飯

佐餐酒：蘇格蘭 The Balvenie Double Wood 17 年單一麥芽威士忌 highball
餐後甜點：新興梨切盤

● 戀上秋葵咖哩，始自二〇一三年的斯里蘭卡旅行。那趟，幾乎從一開始便被這既辛辣濃稠又清甜鮮美之味折服，天天都想吃，怎麼也不膩；就此壓倒其餘素材，成為咱家咖哩菜餚裡最常露臉的一味。

● 越來越愛以糙米飯配咖哩，總覺比起白米飯來，豐富的全穀類香氣和嚼感，和辛香有勁的咖哩醬汁明顯更和合，好搭啊！

食譜

洋蔥番茄秋葵鮮菇雞肉咖哩：少許油將切碎的蒜頭與洋蔥炒至金黃熟軟，加入番茄炒軟，放入切小塊的雞肉（以醬油略醃）炒香，再入切小塊的秋葵略炒，倒入威士忌、引火燒去酒精，灑入咖哩粉拌勻，加入適量水燉煮入味，嚐一下味道，若不足再以鹽調味，即可享用。

二〇一七
10月13日（五）

● 番茄牛肉白花椰咖哩＋白米糙米飯

佐餐酒：義大利 Piedmont Antico Podere del Sant'Uffizio Monferrato 2014 紅酒
餐後甜點：麻豆正老欉文旦柚

食譜

番茄牛肉白花椰咖哩：洋蔥與大蒜切丁，以少許油小火炒至熟軟，加入切碎的番茄炒香，再入切碎的牛肉（以醬油略醃）炒至變色，加入切塊的白花椰續炒，淋入適量紅酒拌勻，灑入純咖哩粉拌勻，加入適量水和醬油小火煮至白花椰熟軟（過程偶而攪拌），加入另種含麵粉之咖哩粉拌勻，再煮數分鐘使味道融合，即可享用。

※兩種咖哩粉之說明詳見第八十二頁之「雙蔥雞肉香菇蔬菜咖哩烏龍麵」。

二〇一八
4月4日（三）

● 洋蔥乾番茄黃櫛瓜小卷綠咖哩＋糙米飯
● 干貝A菜心湯

佐餐酒：蘇格蘭 Talisker 10年單一麥芽威士忌 highball
餐後甜點：日昇木瓜切盤

● 可算一種耽溺吧……咱家的咖哩，不管印式、日式、泰式，一定放番茄；喜歡那清新微酸果味，讓咖哩的辛香變得更明亮嫵媚。

今晚，卻不巧直到開煮，才發現番茄已經用罄，情急之下抓了油漬乾番茄替代，沒想到極是濃醇潤爽，別是另番風味。好個意外之獲，以後可以常常比照！

忘了在哪本酒書裡讀過，作者說，咖哩是他認為最難與葡萄酒相佐的料理，嘗試多年，唯有威士忌得能搭配……嗯，有關葡萄酒的部分雖未必認同，但毫無疑問，在我而言，威士忌與咖哩確實絕配！

二〇一七
5月27日（六）

- 秋葵牛肉紅咖哩
- 酸辣魚露拌青蔥番茄鴻喜菇
- 婆婆帶來的滷牛筋、涼拌黃瓜海蜇、燉雞湯
- 糙米飯

佐餐酒：義大利 Piedmont Bruno Rocca Rabaja Barbaresco DOCG 2013 紅酒
餐後甜點：拉拉山水蜜桃切盤

- 婆婆來家吃飯，知她素來最愛嘗鮮，尤愛泰國菜，遂簡單做了一道涼拌一道咖哩給她吃。果然酸酸辣辣胃口大開，連連添飯。

食譜

秋葵牛肉紅咖哩：洋蔥與蒜頭切碎，以適量椰子油小火炒至熟軟，放入以鹽略醃過的牛肉丁拌炒，加入番茄丁再炒一下，再入切小塊的秋葵略拌，加入適量紅咖哩醬炒勻，加適量水拌勻略煮入味，調入魚露和紅糖，即可享用。

酸辣魚露拌青蔥番茄鴻喜菇：鴻喜菇燙熟放涼或冷水沖涼瀝去水分後切小段、加入番茄丁與蔥末。淋上以切碎大蒜、辣椒與魚露、檸檬汁混合而成的醬汁拌勻，即可享用。

多年來，鍋料理始終是我家餐桌上常常出現的忙／懶人菜。特別是深冬夜晚，忙完工作一身疲憊，不想出門、也不想太費工費事，卻又渴望吃得飽飽暖暖之際，就會堂堂登場。愛鍋之深，日常採買往往都會下意識留意備料，以能隨時想吃都能不虞匱乏。

也因是臨時起意隨手料理，食材和作法當然也力求輕鬆隨性，冰箱裡有什麼就煮什麼，慢火熬燉當口甚至還可奔回電腦前再處理幾件工作……幾乎不花什麼心神功夫，輕輕鬆鬆就是豐盛美味一餐！

簡單歸簡單，但也有幾個要點需得注意：首先是食材的口味與濃淡間的協調性，並依所需烹調時間調整入鍋的先後順序。

我自己通常習慣會以一種肉禽或海鮮搭配各類當令時蔬；且

為了讓整體味道不致於太分散紛亂，會視情況加入一種味濃的素材如泡菜、酸白菜、味噌、番茄、酒釀、辣醬、肉製品……等，為整鍋料理提點出清楚的主調與個性。

另外，也頗愛取用肥脂較多的肉類，如豬五花、帶皮雞鴨……等；這樣的好處是，一開始就先將肥脂部分入鍋，不再另外放油，直接煸出肉類的油脂來爆香青蔥洋蔥，口味清爽噴香。

如是，一鍋裡熱呼呼香濃濃煮好上桌，佐一碗香甜米飯、一杯豐潤飽滿好酒，再溫暖愜意舒服不過！

唯一問題只有，不管煮多大鍋，都一定全部掃光……「這也算是一種可怕的癮頭吧？」另一半說。

二〇一六

1月24日（日）

赤鯮蔬菜豆腐雪見鍋

佐餐酒：蘇格蘭百齡罈 Glentauchers 17年調和威士忌加冰

餐後甜點：大湖草莓

● 天冷，還是饞著火鍋。想吃得清淡點，醒起家裡有同事爸爸親手種的美味白蘿蔔，算是紀念這數十年難得之平地見雪日，就細細磨成泥來做雪見鍋吧！果然湯鮮味爽好好吃！還用剩下的湯汁加白飯煮了雜炊，鍋底精華浸透米粒，甜美無比。

● 一如全魚炊飯，也頗愛以全魚入鍋物。略煎過後油脂和香味鮮味釋出，稍加烹煮後，精華盡入湯頭與豆腐蔬菜中，再享受不過！

食譜

赤鯮蔬菜豆腐雪見鍋：昆布柴魚高湯加適量醬油與鹽麴煮沸，加入蔥段、高麗菜與豆腐小火煮至熟軟入味，再放鴻喜菇、玉米和魚丸燙熟，放入兩面抹鹽煎香的赤鯮，蓋上鍋蓋燜數分鐘至熟，放入茼蒿菜燙一下，最後放入多量白蘿蔔泥，小火稍煮至溫熱，即可享用。

很有意思的一系列作品：從百齡罈十七年主要基酒來源的各蒸餾廠中年年精選其一限量上市。讓我們得以從不同角度勾勒、比對、賞析經典調和威士忌風味之所構成。

此款較之先前陸續發佈的Glenburgie、Scapa、Miltonduff來，是風格相對較有稜角的一款；糖漬鳳梨、太妃糖、香草、漿果、麥芽等香甜氣息裡，透著石南花蜜、肉桂等清香，餘味則帶著些許巧克力般的苦韻。加入一點冰塊，則更多增幾分甜腴與滑稠感，與既甘鮮又清雅的這道鍋料理正搭配。

二〇一六
7月10日（日）

● 酒釀虱目魚山藥蔬菜豆腐鍋
● 糙米飯

佐餐酒：法國普羅旺斯 Château Miraval Côtes de Provence 2014 粉紅酒
餐後甜點：木瓜切盤

● 仲夏時節，吃酒釀鍋好像有點太熱，但一時嘴饞就任性做了。果然好好吃，和虱目魚也頗搭配。

● 酒釀鍋靈感來自日本的酒粕鍋，於鍋物裡加入釀酒過程中衍生的酒渣副產品烹成，比方赫赫有名的北海道鄉土料理「石狩鍋」便是以味噌、酒粕和鮭魚為主素材。某回嘴饞想吃這味，偏偏酒粕極難取得，遂靈機一動改以酒釀替代，結果豐潤甘香與微微酒氣極是迷人，自此成為咱家鍋物主力一味。

食譜

酒釀虱目魚山藥蔬菜豆腐鍋：鍋中放少許油炒香蔥段，加入切塊的山藥續炒，再入切塊的豆腐略煎，倒入高湯煮沸，加入酒釀與醬油，轉小火煮至山藥半軟，放入玉米、魚餃、金針菇煮熟，再入兩面抹鹽略煎過的無刺虱目魚肚，蓋上鍋蓋略煮數分鐘，放入青菜燙熟，即可享用。

二〇一四

4月6日（日）

● 泡椒黃魚蔬菜鍋

● 糙米飯

佐餐酒：法國布根地 Domaine Gros Frere et Soeur Vosne Romanee 1er Cru 2008 紅酒。

餐後甜點：大湖草莓。

食譜

泡椒黃魚蔬菜鍋：鍋中以少許油爆香蔥段，加入切絲的剝皮辣椒炒一下，再入紅白蘿蔔絲和杏香菇絲略炒，倒入適量高湯與剝皮辣椒的醃汁小火煮至蔬菜熟軟，放入魚丸煮滾，放入兩面抹鹽略煎過的黃魚，蓋上鍋蓋燜數分鐘，放入菠菜煮滾，即可享用。

二〇一七

10月8日（六）

● 絲瓜舞茸花枝丸蛤蜊鍋

● 明太子山藥泥蓋飯

佐餐酒：日本靜岡 磯自慢 雄町43純米大吟釀

餐後甜點：紅心芭樂切盤

● 盼了好久終於到手之雲井窯貽釉新鍋啟用，決定以最單純作法試鍋。果然名不虛傳，火力綿密集中，光就是幾樣鮮甜食材一鍋直火煮透，便如鮮味大爆發一般，甘甜醇美得讓我倆讚聲連連、慢不下箸停不了口……難怪都說簡單即美，此番又再次得證。

絲瓜舞茸花枝丸蛤蜊鍋：蔥薑蒜切細，入鍋以少許油爆香，依序放入絲瓜、蛤蜊、舞茸、花枝丸炒香，加適量水煮沸，蓋上鍋蓋燜煮，直至蛤蜊開口、絲瓜軟熟，嚐一下味道，若不足再以鹽調味，即可享用。

二〇一六

12月24日（六）

- **薑香麻油烏骨雞酒豆腐蔬菜麻糬鍋，佐蜂蜜椒麻豆腐乳醬汁**

佐餐酒：法國布根地 Louis Jadot Beaune 1er Cru Célèbre 153 ans 2012 紅酒

餐後甜點：屏東林邊黑珍珠蓮霧切盤

都說麻油雞酒難配酒，但其實與果香明亮馥郁的紅酒頗搭，所以選了相對年輕的這瓶布根地。果然，不僅與料理正和合，布根地特有的優雅質地和複雜層次，更是畫龍點睛、相得益彰！

※麻油雞食譜可參考第七十六頁。

二〇一六

3月5日（六）

- **酸白菜雞絲蔬菜豆腐鍋**
- **糙米飯**

佐餐酒：檸檬伏特加特調

餐後甜點：富士蘋果切盤

食譜

酸白菜雞絲蔬菜豆腐鍋：鍋中以少許油炒香蔥段與辣椒，放入以醬油略醃過的雞絲炒一下，放入切絲的酸白菜續炒，以鏟子將材料推開，排入切塊的豆腐兩面略煎，放入切斜段的玉米筍，倒入適量高湯、小火煮至豆腐入味，放入青菜和鴻喜菇燙一下，即可享用。

檸檬伏特加特調：檸檬汁＋伏特加＋氣泡水＋少許桶陳蘭姆酒調勻，即可享用。

二〇一五

3月11日（三）

● 辣味漢堡肉蔬菜豆皮鍋

● 糙米飯

佐餐酒：義大利托斯卡尼 Fuligni Ginestreto Rosso di Montalcino 2011 紅酒

餐後甜點：巨峰葡萄

● 昨日採買本產牛肉時，店員說他們家的漢堡肉煮火鍋很讚；一時好奇帶了兩枚回來，切塊略煎後放入鍋中燉煮入味，並特意調了辣醬入鍋以為提點，果然滋味濃厚、潤而不柴，上等獅子頭一樣，好好吃！

二〇一六

4月28日（四）

● 腐乳味噌鮮蝦豬肉豆腐蔬菜鍋

● 糙米飯

佐餐酒：蘇格蘭 Scapa 16年加冰

餐後甜點：香蕉切盤

● 豆腐乳、味噌、豆腐，著實豆製品控＋鍋物控之狂歡宴，過癮哪！

食譜

腐乳味噌鮮蝦豬肉豆腐蔬菜鍋：青蔥與洋蔥切絲，以少許油爆香炒軟，加入以醬油略醃過的豬肉絲略炒，放入切片的蘑菇與筊白筍再炒一下，再入切塊的豆腐和玉米，倒入昆布柴魚高湯煮入味，加入魚餃略煮，再加入壓成泥的豆腐乳，放入鮮蝦與青菜燙熟，溶入味噌拌勻，即可享用。

一直頗欣賞的一支很特別的威士忌。來自奧克尼島，卻無島嶼強烈個性，清澈輕柔中洋溢著迷人的石南花蜜與香草香以及略微收斂的尾韻，有意思！

二〇一七
8月19日（六）

● 泡菜蘑菇韭菜花馬鈴薯排骨鍋
● 柚子胡椒拌綠竹筍
● 土鍋白米飯

佐餐酒：檸檬伏特加波本威士忌梅酒特調
餐後甜點：蘋果奇異果切盤

● 對我來說，韓國泡菜Kimchi絕對是這國度對世界最偉大的貢獻無誤！總覺得和日本味噌一樣，擁有百配百搭、天天吃也不膩的奇異魔力。遂而長年家中必備且經常入菜。

其中，鍋物控如我，最愛莫過於各類泡菜鍋了；傾心之深，無論冬夏都常登場且變化多端，什麼素材都想拿來煮泡菜鍋看看。紅通通熱騰騰一鍋煮就，辛辣過癮，可以連扒好幾碗飯！

● 馬鈴薯燉排骨可算我最喜歡的韓國鍋料理之一，馬鈴薯在排骨辣湯裡燉得鬆綿入味，再多再飽都吃得下。正統作法其實略微繁複，且需動用大量韓國素材；遂而一直不曾動念照做，全按己意隨興煮成泡菜鍋口味，自有滋味。

食譜

泡菜蘑菇韭菜花馬鈴薯排骨鍋：蔥段、蒜片、洋蔥以少許油炒至香軟，以鏟子推開，放入以醬油略醃過的排骨將表面煎至金黃，加入韓式泡菜與去皮切滾刀塊的馬鈴薯續炒，放入切小塊的蘑菇再炒一下，加水或高湯至淹過材料，以適量醬油調味，小火慢燉至排骨熟軟、馬鈴薯酥透，放入韭菜花燙熟，即可享用。

二〇一六

1月15日（五）

● 洋蔥泡菜蘑菇里芋排骨燉鍋

● 柚子胡椒涼拌櫛瓜

● 白米糙米飯

佐餐酒：蘇格蘭 Highland Park 12年單一麥芽威士忌加冰
餐後甜點：澳洲塔斯馬尼亞櫻桃

● 馬鈴薯與辣湯很搭，想來同屬根莖類的芋頭應該也不錯，一試之下果然和合；且比馬鈴薯更多幾分甘潤雋永，超對味。

● 兩菜一湯一飯是豐富的日常，一鍋一飯是痛快淋漓的勁爽，一鍋一菜一飯則介於二者之間，既過癮又多了變化，是另重歡暢。

也是長年喜愛常備、風格鮮明的基本款蘇格蘭島嶼威士忌。奧克尼島獨特風土孕育而成，泥煤氣裡透著習習石南花蜜香，加冰後尤其甜美易飲。

二〇一八

2月7日（三）

●香蒜泡菜大蔥牛蒡雞腿燉鍋

●豆豉蜂蜜滷豆乾

●糙米飯

佐餐酒：日本 ALPS 松本平 BlackQueen 黑后 2015 紅酒

餐後甜點：芭蕉切盤

●牛蒡真是個奇妙的食材，看似素樸敦厚，但入菜後存在感極強；這回首度與韓國泡菜佐搭，不僅一點沒被這濃辣遮掩了光芒，獨有的大地之味反更顯雄渾豪壯，好厲害啊！

日本葡萄酒密集品試中。這回，出乎好奇與熟悉緣故，選的是台灣也有的黑后品種紅酒。產自釀酒重鎮長野，初嚐時紅葡萄果香極是豐潤直截新鮮，但細細品味，漸漸感受到優雅的結構和若隱若現單寧，頗可口耐飲的一款酒。感覺上佐餐寬廣度應該頗高，決定接下來再多找些不同類型料理考驗看看。

二〇一七
11月23日（四）

● 洋蔥泡菜沙丁魚鴻喜菇豆腐鍋
● 蒜炒魚露四季豆
● 土鍋白米飯

佐餐酒：阿根廷 Mendoza Catena Malbec 2016 紅酒
餐後甜點：武陵蜜蘋果切盤

● 明日將南下工作然後隨即遠行，遂又進入清冰箱狀態。因而靈機一動將之前剩下的油漬沙丁魚和韓式泡菜一起煮成豆腐鍋，結果遠比像像中更和合，個性十足濃郁滋味，下飯絕佳！

阿根廷的 Malbec 雖非常出現在咱家餐桌上的酒款，不過每次享用，都覺輕鬆易飲配菜寬廣。比方昨晚的香腸豆腐和扁魚白菜、今晚的泡菜沙丁魚，竟然都和合。酒食相佐之樂，果然驚喜無窮哪！

二〇一七
1月20日（五）

泡菜起司培根蔬菜豆腐年糕鍋

佐餐酒：法國 Jura Jean-François Ganevat Cuvée Madelon Nature 紅酒
餐後甜點：茂谷柑切盤

不知被哪個旅遊節目燒到，另一半從昨晚開始吵著要吃韓國年糕鍋。既然老爺開口點菜，兵來將擋，煮婦只得接招。

一貫隨興作風，庫存現有材料信手拈來便任著性子亂做——沒有韓國年糕，拿日本麻糬充數；好在韓國泡菜冰箱有的是，加上培根、洋蔥、高麗菜、凍豆腐、金針菇、快煮麵條……起鍋前再灑上一把 mozzarella 起司絲，熱鬧鬧湊了一鍋，竟然還算有模有樣。香噴噴熱辣辣吃得鍋底朝天，大飽滿意哪！

二〇一四

9月20日（六）

● 清燙本產牛肉爐

佐餐酒：法國布根地 Domaine Amiot-Servelle Chambolle-Musigny Les Bas-Doix 2008 紅酒

餐後甜點：梨山水梨切盤

● 難得買到國產純種黃牛肉，當然定要咱家鄉味，立即備齊牛骨高湯與簡單豆腐蔬菜丸餃，來一鍋清燙牛肉爐。

身為被牛肉湯多年餵養過來的台南女兒，對台灣本產牛的美味潛力從來瞭然於心。而近年，眼見原已珍稀罕見的國產在地純血黃牛品種終於得能邁向復興，更由衷歡喜與期許。

目前，純種黃牛先在多年保種有成的恆春畜產試驗所培育一年三個月，之後交由業者繼續照料和肥育，以毛豆、青割玉米、牧草等多樣素材為食，達兩年四個月方能出品；因而每月僅有少少數量得能上市，過程漫漫。然曙光之現，已然萬分雀躍。

特別親身領略過純種黃閹牛的甘腴香美芬芳四溢後，對國產牛之喜愛更加堅貞不移。

二〇一五 11月8日（日）

毛蟹蛤蜊蔬菜涮涮鍋

佐餐酒：日本獺祭二割三分純米大吟釀
餐後甜點：黑珍珠蓮霧切盤

● 不知是否正逢蟹季緣故，在家以蟹宴為另一半過生日已成慣例。歷年來，從松葉蟹、鱈場蟹一路吃到大閘蟹，今日因買得上好毛蟹，遂來頓螃蟹鍋。

● 話說近年來，漸漸越來越少在外頭吃涮涮鍋了……總覺如此簡單基本，只需備好昆布柴魚高湯、洗好切好材料的傻瓜料理，自己採買、自家烹煮委實划算太多。尤其可舒服慢慢享用、靜靜喝酒，這暢快感，無與倫比！

二〇一七 4月14日（五）

● 家常關西風牛肉壽喜燒

佐餐酒：法國布根地 Château de Bligny Nuits Saint Georges 1er Cru 1990 紅酒

餐後甜點：艾草紅豆糰子

● 吃壽喜燒多年，因有好醬油好糖好食材做後盾，作法漸漸越偏簡淨單純關西風：不調醬汁、不用高湯，光就是以水、醬油與紅糖與牛肉與蔬材同烹，直截單純，似覺更能盡享上等牛肉之原味真味。尤其吃到後段，肉味脂香與醬汁相互凝煉得香濃，更加美味。最重要是在自家餐桌上輕鬆享用，比任何名店都更暢懷舒爽。

● 我與另一半的長年堅持，牛肉才是壽喜燒的第一主角，其餘素材越簡越好：各種丸餃類火鍋料萬萬不可，徒然焚琴煮鶴混雜了味道；烤豆腐和大蔥則是當然不二首席配角，少了它們的烘托，連主角都失了光芒。

至於主食，雖然最心儀是白米飯，鹹鹹甜甜、鮮美肥腴的牛肉與蔬菜配著香Q綿糯白飯大口大口扒下肚，過癮非常。但坦白說，大部分情況是，一整鍋肉菜下肚後實在吃不下，遂改以日式麻糬入鍋，份量可以拿捏得精巧，黏糯口感和習習米香一樣很棒。

食譜

關西風牛肉壽喜燒：牛脂放入淺鍋小火煸出油脂後塗覆全鍋（若無牛脂則淋上適量油），入數段大蔥煎香，放入幾片牛肉（壽喜燒所用肉片比一般火鍋略厚，若只能買到火鍋肉片，則動作要更迅速以免過熟），灑上少許紅糖與醬油，煎炒至五六分熟便起鍋，沾蛋汁享用。同時在鍋中放入烤過的豆腐、大蔥、金針菇、青菜等配料，淋入醬油、糖與水燒煮，並陸續加入剩餘牛肉邊涮煮邊吃。過程中可視情況持續加入調味料或水調整味道。

習慣一週做一次西菜。多年下來，和其餘家常菜一樣，一點不肯耗時費工，光就是仗著素材俱上選，便一任隨興隨心快手簡單揮灑。

而由於家常餐桌肉類佔比低，遂而即使做西菜，主角也多以海鮮掛帥；尤其「一鍋煮」最得我心，特別以橄欖油、白酒與各種香辛料香料蔬菜同烹，偏向地中海式如Acqua Pazza、buzara等菜餚作法，一鍋子爐上快手煮就，風味鮮爽，且還乾脆連鍋上桌，省時省力省洗滌，再輕鬆不過！

內容則可豐可儉彈性極大：可以單單一項食材如魚或貝類或蝦、頭足類入鍋，至多起鍋前點些香草料，已夠有滋有味。

想吃得澎湃，海鮮兩三樣、蔬菜兩三樣共冶一爐，再加點風乾鹹醃肉類、油漬鯷魚沙丁魚或橄欖，再灑點新鮮或乾香料提味提香，熱熱鬧鬧，家常吃飯也有豪宴排場。

即使臨時手邊有什麼素材沒了，順手拿其他材料替代，也往往更增驚喜。比方我便頗愛改以東方素材入菜：火腿、臘肉、香腸甚至泰式咖哩，更添繽紛。

然後，佐幾杯好酒、一砵麵包——對我們來說，最暢懷莫過於用麵包沾著鍋裡豐盈的鮮甜甘美汁液享用，每回都定然一滴不剩全數擦乾抹淨，還仍意猶未盡！

二〇一七
11月19日（日）

• 香蒜辣椒油漬沙丁魚綠橄欖白酒煮海鮮
• 蒜烤伊比利火腿鴻喜菇綠蘆筍
• 法式棍子&全麥鄉村麵包

佐餐酒：義大利西西里 Cusumano Alta Mora Etna Bianco 2015 白酒
餐後甜點：珍珠芭樂切盤

食譜

香蒜辣椒油漬沙丁魚綠橄欖白酒煮海鮮：大蒜與辣椒切碎以少許橄欖油爆香，加入橄欖炒一下，放入鮮蝦與切大塊的透抽略煎，再入切小塊的油漬沙丁魚拌勻，淋上白酒，炒煮至海鮮熟透，拌入喜歡的香料，嚐一下味道，若不足再以鹽調味，即可享用。

二〇一六

7月3日（日）

• 狂水煮盤仔魚
• 蒜烤培根蘑菇
• 鮮蝦秋葵 Mozzarella 起司沙拉佐蜂蜜烏醋橄欖油汁
• 法式棍子麵包

佐餐酒：法國布根地Maconnais Domaine J.A. Ferret Pouilly-Fuisse Cuvee Hors Classe Tournant De Pouilly 2013 白酒

餐後甜點：蘋果切盤

• 趕稿到好晚卻還是想吃西菜，於是全用最快速方法做。順手做的是Acqua Pazza 狂水煮魚——義大利傳統菜，也是地中海一帶頗常見、幾乎沿岸各國各地都有類似料理；以大蒜、番茄等蔬菜、白酒和新鮮香草料煮魚和海鮮，家常簡單非常。再烤一盤蘑菇、燙拌一份沙拉、佐上麵包、開瓶白酒，四十分鐘迅速上菜，依舊悠然一餐！

• 日前朋友家聚餐時，談到做菜用的番茄。雖說日常番茄入菜頻率極高，但其實我很少使用市面上最常見的牛番茄，總覺香氣酸度都太溫吞少個性。

最愛是黑柿番茄，外觀雖不夠紅艷，但味道極棒，只可惜不是隨時買得到。其次是聖女或玉女小番茄，單吃甜度雖高，但烹煮時稍微注意一下火候，酸度和果味都好，顏色尤其討喜漂亮；最重要是蔬菜與水果兩用，對兩人之家而言實在划算。

食譜

狂水煮盤仔魚：平鍋中以橄欖油小火將切細的大蒜與洋蔥炒至熟軟，放入切半的小番茄再炒一下，加入橄欖，以鏟子將材料推開，放入洗淨擦乾、兩面拍上適量鹽與現磨黑胡椒的魚兩面略煎，倒入白酒煮沸，灑入羅勒，蓋上鍋蓋略煮，中途開蓋翻面，煮至魚肉剛剛好熟，即可享用。

二〇一八

4月1日（日）

• 葡萄牙風蛤蜊燉豬肉

• 蒜烤柚子胡椒烏魚子黃綠櫛瓜

• 兩種麵包

佐餐酒：日本九州大分安心院小公子 2017 紅酒

餐後甜點：金鑽鳳梨切盤

• Carne de porco a Alentejana 蛤蜊燉豬肉，典型海鮮肉類送做堆之葡萄牙菜色；是當年旅程中最沉迷耽溺的一道，每見必點，吃得不亦樂乎。

中譯稱蛤蜊，但當地常用海瓜子；昨日市場中看到，忽地勾起饞念，便決定自個兒做做看。果然作法極是直覺簡單，濃濃肉味與海潮鮮味水乳交融交織，無比迷醉。

食譜

葡萄牙風蛤蜊燉豬肉：豬里肌切塊，以鹽、紅椒粉、切碎的大蒜、現磨胡椒與白酒醃漬一兩小時。深鍋中以適量橄欖油將切碎大蒜與洋蔥炒至熟軟，放入豬肉煎至表面金黃，加入切小塊的番茄略炒，淋入醃汁與適量白酒，小火燉至熟透入味，加入蛤蜊拌勻，蓋上鍋蓋煮至蛤蜊開口，拌入香菜，即可享用。

雖有蛤蜊，但因是肉味濃郁菜色，遂還是搭了紅酒。選的是經驗上向來肉類海鮮皆宜的日本紅酒：產自九州大分縣、以自行培育之「小公子」品種葡萄釀成，嚐來果然比大多數日本紅酒來得更豐潤且肌理骨幹結構飽滿清晰，和蛤蜊燉豬肉與烏魚子烤櫛瓜也頗和合。

二〇一八

7月1日（日）

● 香蒜辣椒九層塔香腸秀珍菇燴蛤蜊

● 番茄馬鈴薯葉蘿蔔沙拉佐橄欖油醋汁

● 厚片吐司

佐餐酒：台灣威石東 IMPROMTU 即興曲 2017 粉紅酒

餐後甜點：紅肉李切盤

● 忙到太晚，卻還是想好好吃飯，可喜家裡還有一包蛤蜊和九層塔，遂決定燒一道簡單好做、且另一半和我都喜愛的地中海風燴蛤蜊配凍存吐司；順手扔了台南風甜味香腸與秀珍菇入鍋提味，結果甘鮮襲人大滿意！又成台西混融一餐。

佐上用日前沒吃完的洋蔥燒馬鈴薯切小塊拌的沙拉，快手輕鬆，卻無比療癒解疲。

食譜

香蒜辣椒九層塔香腸秀珍菇燴蛤蜊：洋蔥與大蒜切碎以少許橄欖油炒軟，放入切小塊的香腸續炒，加入切片的秀珍菇略拌，倒入蛤蜊，淋上白酒，煮至蛤蜊開口，拌入新鮮九層塔葉，即可享用。

台灣本產威石東酒莊新出品的黑后葡萄粉紅酒，素來頗愛粉紅酒如我當然不肯錯過，第一時間便搶先買下。今日開瓶一嚐，果然不負所望：一如先前對二〇一五年份黑中灰粉紅氣泡酒的驚艷感動，黑后葡萄竟能釀得如此澄澈爽淨，尤其襲人的嫵媚玫瑰與櫻桃香氣，更令人陶醉不已。

二〇一七

2月12日（日）

● 紅咖哩海鮮蔬菜鍋
● 核桃杏桃乾嫩菠菜沙拉佐橄欖油蜂蜜醋汁
● 兩種麵包

佐餐酒：義大利西西里島 Lumera Donnafugata 2014 粉紅酒
餐後甜點：牛奶蜜棗切盤

● 天氣冷，本來照例想煮熱騰騰濃味鍋物，另一半卻指定要吃可以佐麵包的西菜，於是折衷做了這個泰式與地中海混血的紅咖哩海鮮鍋。結果竟比過往類似菜餚都美味，辛香鮮美醬汁配麵包風味絕佳，和粉紅酒也搭得恰好，皆大歡喜一餐！

● 和另一半兩人都不愛空口吃核桃，導致每回綜合堅果罐子裡到最後都只剩這樣。但若用來配沙拉，卻次次都馬上搶光，好神奇啊！

食譜

紅咖哩海鮮蔬菜鍋：適量椰子油將切碎的大蒜和洋蔥小火炒至熟軟，放入紅咖哩醬炒香，再入切塊的番茄、蘑菇和預先煮熟的馬鈴薯拌炒，加入蛤蜊和鮮蝦，倒入適量白酒以及羅勒和一片月桂葉、現磨黑胡椒拌勻，煮至蛤蜊開口、蝦子轉熟，即可享用。

二〇一五
5月17日（日）

- 紙包檸檬香料竹莢魚
- 清蒸本產白蘆筍佐法國 Pierre Oteiza 拜雍生火腿
- 茂谷柑山菠菜沙拉佐桑椹橄欖油醋汁
- 法式棍子麵包

佐餐酒：義大利 Pfitscher Müller Thurgau Langefeld Alto Adige DOC 2013 白酒
餐後甜點：芭蕉切盤

食譜

紙包檸檬香料竹莢魚：足夠充分包裹魚身的鋁箔紙兩張重疊，中央鋪上切細的洋蔥與大蒜，將殺好洗淨擦乾的竹莢魚置放其上，魚身和魚腹均勻抹上鹽和現磨黑胡椒，魚腹塞入切片的檸檬和自己喜歡的香料（乾燥或新鮮的均可），表面淋上適量橄欖油與檸檬汁，仔細緊密包裹起來，放入預熱至二二〇℃烤箱中烤約十五～二〇分鐘或魚肉熟嫩，即可享用。

德國常見葡萄品種，卻在義大利極北之境釀出爽勁多香風味，和檸檬香料竹莢魚超配！

二〇一八
8月19日（日）

● 香料紅咖哩烤油漬乾番茄陶立克菇櫛瓜赤鯮魚
● 蔥煎香腸馬鈴薯
● 法式 Auvergnat 麵包

佐餐酒：葡萄牙 Borges Quinta de Simaens Vinho Verde 2011 白酒
餐後甜點：金煌芒果切盤

● 又是信手拈來胡思亂做兩道菜：想吃地中海風蔬菜烤魚，偏偏家裡什麼新鮮香料都沒有，想起先前紅咖哩配海鮮不錯，便故技重施，以紅咖哩搭乾香料來烤，果然辛香濃馥，比正統版本更喜歡。煎馬鈴薯也是，洋蔥與培根一不留神全用光，遂改以青蔥與湖南香腸代替，更是加倍噴香。

從來料理總是興之所致，天外飛來想什麼有什麼就做什麼，於是分外驚喜連連，樂趣無窮哪！

食譜

香料紅咖哩烤油漬乾番茄陶立克菇櫛瓜赤鯮魚：烤盤灑上切碎的大蒜、淋上些許橄欖油，櫛瓜與陶立克菇切片、排入烤盤中，表面均勻灑上適量鹽，並再次灑上切碎的大蒜、淋上橄欖油。

鮮魚洗淨擦乾，兩面各劃幾刀，魚腹與劃刀處塞入適量切碎大蒜；再於表面和魚腹均勻抹上泰式紅咖哩膏、鹽、現磨黑胡椒，以及羅勒、洋芫荽、奧勒岡等喜歡的乾香料；置於烤盤中的蔬菜上，點綴以油漬乾番茄、淋上些許番茄油；放入預熱至一八〇～二〇〇℃的烤箱中，烤至魚和蔬菜熟透（約二〇～三〇分鐘，視魚的大小和蔬菜份量而定），即可享用。

蔥煎香腸馬鈴薯：馬鈴薯去皮切片，於平鍋中以適量橄欖油小火慢煎至兩面金黃香酥，取出備用。少許油炒香青蔥和切小塊的香腸，放回馬鈴薯片，灑上鹽與現磨黑胡椒，略拌炒至入味，即可享用。

QUINTA DE
SIMAENS

二〇一六
4月16日（六）

● 鹽焗檸檬九層塔鮒仔魚
● 蒜炒油漬鯷魚櫛瓜白花椰
● 法式棍子麵包

佐餐酒：法國布根地 Domaine Louis Remy Latricières-Chambertin Grand Cru 1996 紅酒
餐後甜點：情人果

食譜

鹽焗檸檬九層塔鮒仔魚：粗鹽調入蛋白和切碎的九層塔，鮮魚去除內臟洗淨擦乾，在魚肚內塞入檸檬片、九層塔與切碎的大蒜，放入烤盤中，周身裹上香料蛋白鹽，放入預熱至二〇〇℃的烤箱中，烤約十五～二〇分鐘、鹽身變硬轉色，即可取出，敲開鹽塊享用。

二〇一八
4月8日（日）

● 鮮金棗汁羅勒七味粉煎透抽
● 烤櫛瓜&鈕結莫札瑞拉起司佐西班牙伊比利生火腿
● 黑胡椒奶油烤紫玉米
● 兩種麵包

佐餐酒：台灣威石東白中白2014氣泡酒
餐後甜點：大湖草莓

● 清明連假進入尾聲加上趕稿，心上懶怠，遂全以最簡單方式——光用一口橫紋烤鍋＋烤箱，光就是烤後灑上調味料（透抽）、或灑上調味料再烤（玉米）、或直接烤後搭配其餘素材（櫛瓜），三兩下做完所有菜；卻是清清爽爽自有滋味，依然大飽滿意一餐……

嗯，忙／懶煮婦一回回嚐到甜頭，會因此就這麼越來越偷懶偷工嗎？

● 生火腿最常見是配蜜瓜，其餘如無花果、西洋梨、芒果都試過，但我自己最愛還是烤過的櫛瓜，不過份甜膩，清香溫婉，烘托火腿之鹹鮮甘腴，剛剛恰好！

食譜

鮮金棗汁羅勒七味粉煎透抽：透抽去除內臟、洗淨、擦乾，表面劃斜刀，置於燒熱的橫紋鍋上各面煎烤，邊烤邊淋上混合了切碎大蒜、辣椒、乾羅勒以及金棗汁的醬汁，灑上七味粉，烤至剛剛好熟，即可享用。

前篇說過，家常做西餐，主菜多由海鮮掛帥；而偶爾才久久一次登場的肉類，也同樣一點不肯複雜，若非簡單處理後扔進烤箱了事，便是兩三下香煎了便能上菜。

卻也不得不承認，雖是偷懶快手烹調，肉類從滋味到口感比海鮮毋寧豐碩飽滿肥腴許多，久久一次，即使家常菜色，也有奢華感。

二〇一四

4月5日（六）

● 百里香烤全雞

● 無花果番茄腰果嫩菠菜沙拉佐蜂蜜藍紋起司油醋汁

● 法式棍子麵包

佐餐酒：法國布根地 Domaine Gros Frere et Soeur Vosne Romanee 1er Cru 2008 紅酒

餐後甜點：茂谷柑切盤

● 二〇一三年末，居家全面翻新改造完成、終於擁有理想廚房後，可以點點滴滴感受到，我之常日做菜烹調，從工序到內容甚至風格都衍生不少改變。其中最大不同是，烘烤烘焙的菜餚明顯增多了。

原因在於，我終於有了一台「真正的烤箱」！許多朋友都不敢置信，由於過往廚房面積太小無法容納，所以近二十年來，所有須得動用到「烤」的料理，包括甜點與麵包，我都只能以微波爐附帶的烘烤功能充數。

一路忍耐硬撐過來，直至廚房得能重頭全新打造，首要必備項目之一，當然就是一台正規烤箱。

而一路至今，這新幫手果然大大派上用場，不僅做菜效率大增、菜色也更變化多樣。

當時，新機來到，讓我最是摩拳擦掌躍躍欲試的，便是烤全雞。當然一如素性，不管什麼菜都只想用最偷懶方法對付；遂而，比較各路作法，那些需得事前浸、醃、做足準備功夫的食譜通通都捨了，最後斟酌參考的是過程步驟看來最直覺最輕鬆的名廚 Thomas Keller 的食譜——簡單調味處理後，連同鑄鐵鍋一起入烤箱是最大特色。

果然一次上手，大成功！就此成為咱家日常烤雞方。

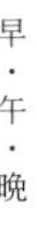

食譜

百里香烤全雞：全雞洗淨後，以紙巾從外到內盡量擦乾。表面均勻灑上海鹽與現磨黑胡椒，兩三小把新鮮百里香塞進腹腔內；再以棉繩將兩足綁起、從兩側延伸到尾部繫緊，使整隻雞呈緊實的橢圓狀。

擺進鑄鐵鍋中，再放入預熱至二〇〇℃的烤箱中，烤約五〇～六〇分鐘、以竹籤插入後流出清澈雞汁而非血水狀態，連鍋取出；灑上切碎的百里香，靜置十五分鐘，過程中以小匙撈起底部的雞汁雞油均勻淋遍雞身數次，即可享用。

二〇一六

12月4日（日）

- 香料紅椒粉烤去骨雞腿
- 西洋梨生火腿捲
- 核桃番茄小松菜沙拉佐杏桃乾蜂蜜橄欖油醋汁
- 法式棍子麵包

佐餐酒：南澳 McLaren Vale Mitolo Jester Sangiovese 2015 粉紅酒

- 烤箱菜無疑偷懶妙方，快手備料後往裡一扔，再搭一二配菜便可輕鬆對付一餐；尤其若用的是去骨雞腿，更能迅速烤得入味滑嫩，太方便啦！
- 雖說生火腿與蜜瓜是理所當然經典搭配，但私心認為軟熟的西洋梨更勝一籌，一樣香甜濃美，卻多了細緻的果酸，風味絕佳。

食譜

香料紅椒粉烤去骨雞腿：去骨雞腿表面擦乾，兩面均勻灑上鹽與現磨黑胡椒，稍微搓揉入味。雞皮朝上放入烤盤中，淋上適量橄欖油，灑上乾燥羅勒與迷迭香，表皮抹上紅椒粉，放入切塊的大蒜，送入預熱至二二〇℃的烤箱中烤約二〇～三〇分鐘、表皮金黃微焦，即可享用。

二〇一四

11月16日（日）

● 番紅花香料優格蜂蜜烤去骨雞腿
● 香蒜辣椒牛肝菌秀珍菇義大利麵
● 油漬番茄乾芝麻菜沙拉

佐餐酒：義大利 Trentino-Alto Adige Pfitscher Saxum Sauvignon Blanc 2013 白酒

餐後甜點：巨峰葡萄

食譜

番紅花香料優格蜂蜜烤去骨雞腿：去骨雞腿洗淨擦乾，放入以適量優格、番紅花粉、乾燥百里香與羅勒、蜂蜜、鹽與黑胡椒調和而成的醃料中均勻覆蓋，加蓋冷藏醃漬約一兩小時，取出，雞皮朝下放入預熱至一八〇℃的烤箱中烤約二〇分鐘，再翻面烤至表面金黃酥脆，即可享用。

十幾年前曾造訪過 Trentino-Alto Adige，酒莊風光美得讓人心醉，至今對來自這產區的白酒都另眼相待。果然既清亮又明媚多酸多香，太好喝啦！

二〇一五

10月25日（二）

- 煎培根牛排
- 蒜炒奶油牛肝菌杏香菇
- 臘腸萵苣沙拉佐蔓越莓百香果橄欖油醋汁
- 法式棍子麵包

佐餐酒：法國普羅旺斯 Chateau Simone 2010 紅酒

餐後甜點：水梨切盤

● 培根牛排，是年少時的老派牛排館回憶。後來吃牛排越來越講究原味，就這麼漸漸淡忘了。直到最近不知為何常常想起，遂特意做來解饞。果然香氣四溢，久違了的舊時滋味，懷念不已。

食譜

煎培根牛排：菲力牛排外圍裹上一圈培根，以牙籤固定，兩面灑上鹽和現磨黑胡椒，放入充分燒熱的橫紋鍋中大火兩面依序烙上紋路、煎成喜歡的熟度，並夾起將周圍培根煎熟。起鍋以鋁箔紙緊密包裹靜置數分鐘，抽去牙籤，即可享用。

前面提過，雖説一般牛肉料理常選濃厚紅酒佐搭，但近年來我卻漸漸喜歡改以清爽柔和的紅酒來配，一來反映向來喜好，二來也是飲食口味越來越清淡，覺得這樣比較解膩無負擔，即使牛排也不例外。今晚，照例還是挑了較輕盈的選項，好在 Chateau Simone 紅酒雖優雅但還是有其骨幹，並不怕牛肉壓過它。

二〇一四

5月10日（六）

● 鐵鍋煎鴨胸佐辣味番茄香料醬汁

● 油漬小章魚洋芋嫩菠菜沙拉

● 法式棍子麵包

佐餐酒：美國加州 Joseph Phelps Napa Valley Cabernet Sauvignon 2007 紅酒

食譜

鐵鍋煎鴨胸佐辣味番茄香料醬汁：中火加熱鑄鐵鍋，先煎鴨皮這面約三四分鐘，翻面煎一分鐘左右，關火蓋上鍋蓋燜約三四分鐘，掀蓋，再次翻面，開火煎約一分鐘，取出以鋁箔紙包裹靜置約一〇分鐘。

原鍋留適量煸出的鴨油，放入切碎的洋蔥與大蒜小火炒至熟軟，再入切碎的番茄、辣椒，以及百里香、羅勒、紅椒粉等香料續炒至入味，加入鹽與少許紅酒醋再煮一下，淋在切片盛盤的鴨胸上，即可享用。

每年只要時序入夏，周遭煮婦們便開始紛紛抱怨，都說暑熱天氣揮汗做菜太辛苦，熱炒油炸菜餚全停了，涼拌以外，乾脆全塞入烤箱了事。我呢，雖因廚房採開放式設計，涼快通風，較不受天候影響；但長年貪懶成性，也頗愛輕鬆省事烤箱料理。

家常口味簡單清淡，最常見是烤蔬菜。特別若做西式料理，更已成沙拉之外的另道當然配菜。

做來幾乎一點不花時間，隨手片薄了或切成適口大小排入烤盤中，灑上鹽與大蒜、淋上橄欖油，放入烤箱中烤至喜歡的熟度，取出拌勻即可。

種類則如馬鈴薯、白綠蘆筍、黃綠櫛瓜、秋葵、球芽甘藍、青花椰白花椰、青花筍、綠竹筍、番茄、各式菇類等耐烤的蔬菜都合適。

若想再多些變化，也多的是信手拈來素材可搭配：起司、油漬鯷魚、油漬番茄乾、油漬沙丁魚、火腿培根臘腸臘肉、各種起司……甚至連烏魚子、台式中式香腸、鹹蛋、豆腐乳、韓國泡菜等都曾登場，鋪於蔬菜表面同烤，更增風味。

二〇一六

5月22日（日）

- 百里香烤番茄馬鈴薯
- 香料檸檬炒鮮蝦
- 蔓越莓水煮蛋小松菜沙拉佐蜂蜜橄欖油醋汁
- 兩種麵包

佐餐飲料：蜂蜜梅子醋氣泡飲

餐後甜點：土芭樂切盤

食譜

百里香烤番茄馬鈴薯：馬鈴薯切塊，小番茄切出刻痕，灑上切塊的蒜頭、橄欖油、現磨黑胡椒、鹽略拌一下，排入烤盤中，放入預熱至二一〇℃的烤箱中烤約四〇～五〇分鐘，過程中偶而攪拌使之上下均勻，出爐前五分鐘灑上百里香略拌，烤至馬鈴薯鬆軟入味，即可享用。

二〇一五

8月8日（六）

● 香蒜泡菜烤馬鈴薯

● 藍紋起司羅勒燴鮮蝦

● 番茄甜菜心沙拉佐藍莓蜂蜜橄欖油醋汁

● 兩種麵包

佐餐酒：紐西蘭 Marlborough Little Beauty Sauvignon Blanc 2013 白酒

餐後甜點：蘋果切盤

食譜

香蒜泡菜烤馬鈴薯：馬鈴薯切薄片、灑鹽稍抓一下，烤盤淋上橄欖油、灑上些許大蒜丁，將馬鈴薯片整齊排放其上，表面鋪上切碎的韓式泡菜，再次灑上大蒜丁，淋上橄欖油與些許泡菜汁，放入預熱至一八〇℃的烤箱中，烤至馬鈴薯微焦熟透程度（約二〇～三〇分鐘），即可享用。

藍紋起司羅勒燴鮮蝦：少許油爆香切細的大蒜與辣椒，放入鮮蝦兩面煎至半熟，倒入適量白酒、灑入切小丁的藍紋起司燒煮至白酒滾沸、起司融化、鮮蝦轉熟，放入新鮮羅勒拌勻，即可享用。

白酒又將喝罄——說來有趣，因佐餐寬廣度高、消耗量相對也大得多，遂而多年來始終頗努力拉高酒櫃中白酒的佔比，沒奈何卻還是常陷入告急狀態，看來得再多斟酌才是。

尤其紐西蘭風格的 Sauvignon Blanc，還有不甜的 Riesling、法國布根地村莊級 Chablis 和 Macon、以及義大利與法國羅亞爾大多數白酒向來百搭，多備有益。

二〇一六
3月6日（日）

- 香蒜藍起司烤青花筍
- 香料白酒臘腸燒蛤蜊
- 伊比利火腿佐加州李
- 兩種麵包

佐餐酒：法國普羅旺斯 Chateau Simone 2013 粉紅酒
餐後甜點：金鑽鳳梨切盤

食譜

香蒜藍起司烤青花筍：烤盤底部淋入適量橄欖油、灑上切丁的大蒜，排入切片的青花筍，灑上海鹽與切丁的大蒜，淋上橄欖油，表面鋪上切小塊的藍紋起司，放入預熱至一八〇℃的烤箱，烤約十五分鐘或青花筍轉熟，即可拌勻享用。

二〇一七
8月13日（六）

- 蒜烤羅勒紅椒粉油漬沙丁魚蘑菇
- 番茄奇異果葉蘿蔔沙拉佐黑橄欖醬蜂蜜油醋汁
- 自家製 pita 口袋麵包

佐餐酒：瑞典 BOX 台灣限定版 PX Sherry Cask Finish 單一麥芽威士忌水割
餐後甜點：愛文芒果切盤

食譜

蒜烤羅勒紅椒粉油漬沙丁魚蘑菇：蘑菇切塊，放入烤皿中，表面排上油漬沙丁魚，灑上切碎的蒜頭、鹽、乾羅勒、紅椒粉，均勻淋上罐頭裡的油，放入預熱至一八〇℃的烤箱中，烤約十五分鐘或至蘑菇轉熟，即可享用。

全球緯度最高、規模與產量極小巧迷你的新秀威士忌蒸餾廠。酒齡雖淺，且還處於凜冽嚴寒地帶，卻巧妙以四〇公升小桶過桶熟成出圓潤豐甜質地。且不知是否出乎北國林野之季候風土、並採用在地啤酒業出品的二稜冬麥所致，每一酒款裡都可隱隱然感受到些許緊緻感和幽幽森林氣，很有特色。

「PX」是於 Pedro Ximénez 雪莉桶過桶熟成之作。梅子蜜餞、牛奶糖、柑橘、甜桃、熱帶水果乾芬芳嫵媚綻放，極有魅力。

※BOX 蒸餾廠現已更名為「High Coast」。

二〇一五

12月5日（六）

- 蒜味培根烤高麗菜心
- 香辣羅勒鯷魚燴花枝
- 蔓越莓栗子地瓜沙拉佐蜂蜜橄欖油醋汁
- 法式全麥棍子麵包

佐餐酒：義大利 Friuli-Venezia Giulia Girolamo Dorigo Ribolla Gialla 2010 白酒

餐後甜點：梨山蜜梨切盤

食譜

蒜味培根烤高麗菜心：烤盤底灑上切小丁的大蒜與培根，淋上橄欖油，鋪入高麗菜心，再次灑上大蒜與培根、淋一層橄欖油，灑上適量鹽，放入預熱至一八〇℃的烤箱，烤約一〇～十五分鐘，或至高麗菜心略顯微焦半軟狀態，即可拌勻享用。

香辣羅勒鯷魚燴花枝：辣椒與大蒜切丁，以橄欖油炒香，放入花枝拌炒，再入油漬鯷魚，以鍋鏟壓碎、拌勻，撒入羅勒，再拌一下，至花枝轉熟，即可享用。

二〇一八

9月8日（六）

● 蒜香烏魚子烤高麗菜

● 番茄綠橄欖雞肉義大利麵

佐餐酒：台灣PEKOE之「茶紅」啤酒
餐後甜點：凱特芒果切盤

● 喜歡把高麗菜切大片鋪在烤盤裡烤，見葉緣微焦便出爐，上焦生甜脆下熟軟，好好吃啊！今晚則再隨手灑上切小丁的烏魚子，一起烤得鬆酥，美味加倍。

食譜

香蒜烏魚子烤高麗菜：烤盤裡放橄欖油、大蒜丁，排入切條的高麗菜，灑上切小丁的烏魚子與鹽，再次灑上適量橄欖油和大蒜丁，放入預熱至一八〇℃的烤箱中，烤約二〇～三〇分鐘，或至表面微焦、內裡軟熟，即可拌勻享用。

二〇一五

3月20日（五）

● 鍋烤蘑菇蘆筍花佐鯷魚橄欖油梅醋汁
● 香蒜番茄香料烤雞腿
● 法式棍子麵包

佐餐酒：紐西蘭 Marlborough Dog Point Sauvignon Blanc 2014 白酒
餐後甜點：紅心芭樂切盤

● 有時不一定非得動用烤箱（或烤箱已經太忙），將易熟蔬菜置於燒熱的橫紋鍋上乾烤後再淋醬或調味，更單純更速簡，一樣美味。

食譜

鍋烤蘑菇蘆筍花佐鯷魚橄欖油梅醋醬汁：蘑菇與蘆筍花放入燒熱的橫紋鍋中略乾烤至表面微焦，將蘆筍花排入盤中，蘑菇切片鋪覆其上，淋上以梅子醋、橄欖油與壓碎的油漬鯷魚一起拌勻的醬汁，即可享用。

香蒜番茄香料烤雞腿：烤盤裡排入均勻灑過鹽和黑胡椒的雞腿塊，縫隙間以切半的小番茄填滿，灑上羅勒、迷迭香、月桂葉等香料，放上連皮大蒜，淋上橄欖油，放入預熱至一七五℃的烤箱中烤約一小時、或至表面呈漂亮金黃色，即可享用。

一如先前的反覆強調：由於一來工作忙碌、二來益發吃得清淡，故做菜很是講求快速輕簡；一道菜短則數分鐘、長則十數分鐘，若還得更耗時繁複，除非是可以擺著不管的燉煮菜餚或湯品，一般常常就懶怠著不肯做了。

然 risotto 義大利燉飯，卻是其中少數例外。天生口味偏好使然，其實最早，我是一點也不喜歡這類濃重口味料理的。直到十幾年前，因緣際會前往北義大利 Verona 採訪，此去十八天，初春寒凍時節、冷得不得了的時候，很奇妙地，在菜單上看到義大利燉飯，竟不知不覺漸漸開始覺得嘴饞。

那兒的燉飯，和當時台灣義大利館裡常見的有點兒不一樣：幾乎沒有什麼太華麗複雜的材料，常常就是一兩種家常時蔬為主角：蘆筍、櫛瓜、白花椰、紫葉高麗菜……如此而已。

卻是越吃越發現，材料越簡單，燉飯越美味。蔬菜的清甜爽口，正好平衡了香濃馥郁的起司，好吃得不得了！完全改變了我對義大利燉飯的觀感。

回到台灣後，當然立即照章搬演：光只挑一或兩種蔬菜當主角，不做任何複雜的組合或調味，至多加上少許肉類海鮮或肉製品做點綴，清新清爽，好生舒坦。

然材料雖簡約、作法也不困難細瑣，卻得全程花工夫審慎看顧、細細攪拌，對於向來入廚總愛想方設法省時偷工的我來說，似乎有些兒自找麻煩。

但是，每每在忙累了一天後，卻常常就這麼自然而然開爐做燉飯，一路徐徐煎炒、細攪慢燉下來，身體雖疲倦，心卻漸漸安頓安穩安靜下來。

我想，也是一種療癒之方吧！

二〇一八

1月14日（日）

● 鮮蝦蘆筍燉飯

● 油漬番茄乾山菠菜沙拉
佐蜂蜜醋橄欖汁

佐餐酒：法國 Jura 區 Domaine Labet Cotes du Jura Cuvee Lias Chardonnay 2013 白酒

餐後甜點：蘋果切盤

● 另一半極愛義大利燉飯，但偏又挑嘴；導致每在外頭，若非信得過的餐廳，我都會用力阻止他點燉飯。原因在於，只要不慎踩雷（而且頻率還不低……），當週末不管多忙都非得自家來上一頓——我們戲稱為「收驚」。

其實對我們而言，好吃燉飯門檻並不太高：材料、特別是起司夠上選，配方簡單不複雜以能凸顯食材之味，稠度、濕潤度與米心硬度剛剛恰好……只不知為何在外卻這麼難。

食譜

鮮蝦蘆筍燉飯：深鍋裡放少許油燒熱，將鮮蝦兩面煎至半熟，夾出，留下蝦頭與蝦黃，蝦身去殼切小塊備用。

原鍋裡再加入適量橄欖油將切碎的洋蔥與大蒜小火炒至金黃熟軟，加入切小丁的半量蘆筍略炒，放入義大利米（不要洗）再炒一下，放入蝦頭，淋上白酒，拌勻，煮至沸騰，再加入約淹過材料份量的高湯，慢火烹煮並適時攪拌、添加高湯，煮至米粒呈外軟內硬、或是自己習慣的狀態，放入剩下的蘆筍與蝦肉煮沸，灑上現磨 Parmigiano-Reggiano 起司，拌勻，加蓋略燜一兩分鐘，以鹽調味後，盛入盤中，即可享用。

近來越來越著迷於自然酒，特別是白酒。以此款而言，好生清澈清麗的一款 Chardonnay，且應是老橡木桶陳年十六個月緣故，卻又非是布根地 Chablis 的勁瘦堅硬，優雅的花香果香共著微微礦石氣息與珠圓玉潤質地，迷人極了！

二〇一八

3月25日（日）

● 火燒蝦燉飯

● 鍋烤段木鮮香菇&番茄芝麻菜沙拉佐梅香橄欖油醋汁

佐餐酒：蘇格蘭 Laphroaig 10yo cask strength 57.8% batch 001 單一麥芽威士忌 Highball

餐後甜點：蜜棗切盤

● 簡單為美——入廚多年，對此越有深切領會。比方義大利燉飯，千萬不要貪心多料，主食材至多一二種，佐以好起司、好橄欖油，反能美味得飽滿強壯。比方歡喜買到新鮮段木香菇，光光就是鍋烤後灑上好鹽，便清甜得令人大嚇一跳。比方沙拉，芝麻菜和小番茄快手一拌，清香微辣，好生勁爽。

所謂家常菜，就是把食材好好煮熟。談了說了不知多少次的話，此中滋味，咀嚼不盡哪！

食譜

火燒蝦燉飯：適量橄欖油將洋蔥與大蒜丁小火炒至熟軟，放入火燒蝦仁略炒，加入義大利米再炒一下，淋上白酒拌勻煮沸，再加入適量高湯慢煮，一面持續攪拌，每至湯汁將近燒乾時便再加入一兩杓熱高湯，煮至米粒呈彈牙狀，灑上現磨 Parmigiano-Reggiano 起司，一面攪拌至呈光滑濃稠狀態，以鹽和黑胡椒調味，即可享用。

此生第一杯艾雷島泥煤威士忌，正是來自Laphroaig。那宛若消毒水般的逼人碘味、海潮香與泥煤氣下所流露的懾人芳醇，猶仍在記憶中繚繞不去。遂而至今，每遇海味鮮味強烈的料理，自然而然，就想來一杯 Laphroaig。

二〇一七

4月20日（四）

● 櫛瓜番茄雞肉燉飯

● 蒜烤奶油牛肝菌金針菇

佐餐酒：法國布根地 Domaine Leflaive Macon-Verze 2010 白酒
餐後甜點：青森蘋果切盤

●大夥兒可能已經注意到，我家餐桌上，一眾異國蔬菜裡，最常登場的，莫過於櫛瓜了。

戀上櫛瓜，始於我摯愛的、至今已數不清累積多少趟的地中海旅行。既清新又甘郁、既青脆又綿柔，幾乎是一嚐就愛上；特別若造訪時節正逢夏季當令盛產期，更是每見必點，烤、煮、炒、燉、拌……幾乎每道菜裡都有它的蹤影，甜美爽口各有風味，大呼過癮。

尤其此物早年國內頗難得見，即使有也多是進口貨，不僅價格昂貴，迢迢過海而來，風味總難免損上幾分；遂更另眼相看，每次旅行都忍不住藉機多吃以慰相思。

好在近年情況已然改變。幸運身處什麼都能種、什麼都能產的台灣，在地種植越來越普遍，市場裡不僅逐年可見芳蹤，連較少人使用的櫛瓜花也偶而躍上貨架，再不是高貴難得外來食材了！

來得容易，喜愛度卻未有稍減，櫛瓜自然而然成為我家餐桌常見佳餚：用大蒜和橄欖油烤或快炒、橫紋鍋乾煎後做沙拉、煮成義式番茄蔬菜湯或普羅旺斯燉菜……變化繁多。

也常烹成義大利麵或燉飯。特別後者，較之其他口味燉飯來要更清爽，大愛！

●若用不夠耐煮的蔬菜做燉飯，習慣先半量入鍋熬燉，另外一半等到後段或起鍋前才加入，既入味又能享受口感，一舉兩得。

食譜

櫛瓜番茄雞肉燉飯：深鍋入橄欖油、洋蔥與大蒜丁小火炒至熟軟，加入切丁的雞肉（以鹽略醃過）、番茄與半量櫛瓜略炒，再加入義大利米，炒至米粒略顯透明，淋上白酒，沸騰後加入適量熱高湯慢煮，一面攪拌，若湯汁燒乾便適量添加；煮至米粒呈外軟內韌、或是自己習慣的狀態，放入剩下的櫛瓜略煮一下，灑上現磨 Parmigiano-Reggiano 起司，拌勻，加蓋略燜一兩分鐘，以鹽調味，即可享用。

蒜烤奶油牛肝菌金針菇：金針菇與泡軟切細的乾燥牛肝菌放入烤盤中，灑上切碎的大蒜、鹽、現磨黑胡椒、適量橄欖油與奶油，放入預熱至一八〇℃的烤箱中烤至熟軟（約一〇分鐘上下），取出拌勻，即可享用。

二〇一六

4月24日（日）

● 南瓜雞肉燉飯佐油漬鯷魚醬

● 醬油橄欖油醋汁拌番茄小黃瓜

佐餐酒：紐西蘭 Nelson Seifried Sauvignon Blanc 2014 白酒

餐後甜點：茂谷柑切盤

食譜

南瓜雞肉燉飯佐油漬鯷魚醬：深鍋入橄欖油、洋蔥與大蒜丁小火炒至熟軟，入切丁的雞肉（以醬油略醃過）與南瓜略炒，再加入義大利米，炒至米粒略顯透明，淋上白酒，沸騰後加入適量熱高湯慢煮，一面攪拌，若湯汁燒乾便適量添加；煮至米粒呈外軟內韌、或是自己習慣的狀態，灑上現磨 Parmigiano-Reggiano 起司，拌勻，加蓋略燜一兩分鐘，以鹽調味，盛入盤中，置上壓碎調勻的油漬鯷魚，即可享用。

二〇一七
7月9日（日）

● 山火腿球芽甘藍燉飯
● 蒜味香料七味粉煎蝦

佐餐飲料：蜂蜜金桔檸檬茶
餐後甜點：奇異果切盤

● Serrano 山火腿是西班牙伊比利生火腿中較基礎的等級，風味雖較平淡，但價格相對平易；尤其若能買到火腿切剩後另外包裝出售的邊邊角，不僅更廉宜且入菜效果頗佳。

這回和球芽甘藍一起烹成燉飯，作法和前面類似：洋蔥和蒜丁充分炒軟，接著將切小丁的山火腿放入煎香，入球芽甘藍炒過後，再繼續其他步驟即可。

二〇一六
6月19日（日）

● 藍紋起司鮑魚菇燉飯
● 香料烤雞肉番茄葉蘿蔔沙拉佐桑椹橄欖油醋汁

佐餐酒：紐西蘭 Marlborough Forrest Estate Pinot Noir 2012 紅酒
餐後甜點：金鑽鳳梨切盤

● 偶爾喜歡用藍紋起司燉飯，覺得比起常見的 Parmigiano-Reggiano 來，風味更強烈鮮美有個性，對向來偏愛濃味起司的我們來說，超對味！

二〇一八

6月10日（日）

● 紫糯玉米燉飯

● 蒜烤小卷櫛瓜

佐餐酒：葡萄牙Vinho Verde Compañía de Vinos del Atlántico Nortico Alvarinho 2016 白酒

餐後甜點：愛文芒果切盤

● 都說紫糯玉米只能單獨蒸或烤、不宜入菜，以免得一鍋黑湯不上相；但向來做菜從不照規矩來且最怕吃膩如我，實在很難甘心就這麼一招兩式打發。今晚突然靈機一動，想起曾在義大利Veneto一嚐傾心懷念不已的紫葉甘藍燉飯……欸，那就照著做做看吧！

過程中其實有點忐忑——倒不是為了顏色，畢竟黑漆漆墨魚燉飯都能成經典，根本不是問題；而是主食材只用紫糯玉米會否單調？但由於素來深知燉飯之首要好吃訣竅就是簡單、料好，且之前做過的玉米炊飯著實美味難忘，便還是奮勇堅持什麼都不多加。

唯一只有煮到一半發現Parmigiano-Reggiano竟然不夠，遂一半以Caciocavallo馬背起司替代。結果效果極好，玉米香甜起司腴濃富變化，QQ彈糯口感尤其更添風味，色澤則紫中透著紅黃十分好看，燉飯控的另一半也滿口稱讚，滿足一餐！

雖曰「Vinho Verde 綠酒」，但其實並非綠色的酒，而是來自西北部Minho產區、以簡單快速方式釀成的葡萄牙國民酒。風味清酸爽勁且微帶氣泡，最重要是價格極平易，滿滿日常感，每次喝都覺應該多備幾瓶。

二〇一七 9月17日（日）

● 葡萄牙風澎湖石鮔燉飯
● 香蒜紅椒粉烤秋葵筊白筍

佐餐酒：澳洲 Hunter Valley Mount Pleasant Single Vineyard Lovedale Semillon 2007 白酒
餐後甜點：秋香蘋果切盤

● 葡萄牙歸來數月，漸漸開始想念各種當地料理，剛好家裡有澎湖石鮔（小章魚）……那麼，就來做旅程中幾乎處處可見的章魚飯吧！比起西班牙海鮮飯和義大利燉飯來，葡萄牙燉飯作法毋寧簡單許多，美味得純粹直接，好生合味。

食譜

葡萄牙風澎湖石鮔燉飯：適量橄欖油將洋蔥與大蒜丁小火炒至金黃熟軟，加入切小塊的番茄與石鮔略炒，加入米再炒一下，淋上白酒拌勻，煮至沸騰，再加入約淹過材料份量的高湯，慢火烹煮並適時攪拌、添加高湯，煮至米粒呈彈牙狀，以鹽調味後，盛入盤中，即可享用。

近幾年，頗沉迷於自家隨手調酒——好像有點兒太沉迷了，若不稍微警醒克制，便幾乎夜夜耽溺歡飲，難能自持。

其實原本就有睡前小酌習慣。在家上班緣故，工作與休憩之間向來缺乏明確界線，尤其一忙起來，常常直過午夜還在電腦前奮力拚搏；弄得每每帶著滿腹重重心思心事上床，結果當然夜睡不安，長年下來疲憊非常……

於是，就這麼漸漸開始夜飲——目的非為靠酒精助眠，遂也不貪多，少少就這麼一杯；儀式一樣，藉此留出一段沉潛空白時光，徐徐淺啜、悠然細品，心靜心定，逐漸湧現的暖意與微醺裡，一夜安穩眠。

而深夜裡的這一杯，和平素餐桌酒很不一樣，雖也常佐搭些甜點餅乾巧克力等小食解饞填腹，但食物只是純然點綴，酒才是主角；故而，需求的是口感更豐厚圓潤、香氣滋味更飽滿醇甜、且更多些烈性的酒款；因此，愛飲的是威士忌、干邑、亞瑪邑等烈酒，以至波特、雪莉等加烈酒。

近來尤為沉醉是調酒。執迷原因，回想起來，應與琴酒的全面崛起有關。短短數年內，各種各樣在地工藝釀造崛起，從素材、蒸餾、浸漬、萃取到調配，每一環節均有特色有講究，多樣繽紛百花齊放，令人目不暇給。

驚艷之餘，對酒向來好奇熱情且極度博愛如我，也隨之一步踏入而後著迷。尤其琴酒最大樂趣非為單喝而是調飲，能與各種酒款和素材撞擊出多樣風貌滋味，更添風情。

於是就這麼觸類旁通、繼續跌入顯然更豐饒森羅大千的調酒世界。因而更進一步發現，不單琴酒，還有龍舌蘭、伏特加、蘭姆酒，甚至 Vermouth 香艾酒、利口酒等其餘酒類也各有學問奧秘，識之追之不及。

且不只酒款本身，調製配方、手法也多得是眉角可鑽研可追索，不管是經典款或是興之所至隨心隨手創意混搭，每一微妙細節差異都自成意趣：比方搖盪或攪拌後酒液的溫度、香氣和空氣感變化，比方各元素組成比例之均衡與獨特性間的關連對映……

經驗多了，更逐步掌握些許美味不敗原則：大致上就是在烈勁與甘潤、酸與甜、馨香與果味的交歡與撞擊間斟酌拿捏，於是慢慢越能隨心所欲、信手拈來皆自得。

最棒是，就此熟習後，不僅在家樂趣多多、興味無窮，連出外喝調酒，對各調酒師之技巧意圖也越來越能心領神會——果然和做菜一樣，自己動手，是了解掌握其中神髓之道！

二〇一六
10月21日（五）

深夜裡的，馬丁尼遊戲

一眾調酒中，最愛始終是馬丁尼。雖說對酒量不佳如我委實有點兒太「激烈」的酒款……但實在太心折於馬丁尼既濃烈又透明、既豐富又澄淨的香氣滋味質地，尤其曾幾次在國內外大師吧台前領略過那極度清澈又極度複雜的高妙高遠之境；遂就此傾心，每一回，只要是想好好認真結識一家酒吧、一位調酒師，都先以馬丁尼為開啟。

因而自家夜酒時分，最常登場的經典款調酒，也是馬丁尼。

當然心知肚明曾經醉心的名匠之藝絕無可能企及，素人拙笨身手，樂在其中是，從方法到配方到酒款的排列組合配對遊戲：

比方搖盪或攪拌，一爽口一豐潤，都很好喝，但喜歡後者。基酒，琴酒多變、伏特加勁爽，偏愛前者；配方，則大多數採用三份琴酒＋一份香艾酒的古典組合，但當然也常玩玩其他比例和可能性。綴以橄欖或檸檬皮，一濃勁一清香，隨當時心情口味輪替。

琴酒，則無疑是此中關鍵核心，每有新酒款來家，定然先調一杯馬丁尼試味。歷來慣喝愛用的幾款：如極繁複也極雍容的德國Monkey 47，花香瓜香果香細緻的蘇格蘭Hendrick's，甘雅芳醇、一派和風韻致的日本季の美，香茅氣息奔放洋溢的荷蘭Bobby's，草本植物芬芳雅逸的艾雷島The Botanist、以及散發迷人海潮味的蘇格蘭Harris……不同琴酒、便成不同風致表情的馬丁尼。

香艾酒則通常選擇的是不甜的Dry款，Dolin的香潤、Noilly Prat的雍雅、La Quintinye Vermouth Royal的馥郁，各見姿態，一樣玩味不盡。

二〇一八
4月2日（一）

馬丁尼之姊妹版。Vesper。

一直很想玩玩看的著名調酒。卻是直到偶然買得酒譜指定的 Lillet Blanc 酒款，才終於在家一試。

典出《皇家夜總會》，據說是〇〇七系列少數於台詞中明白交代配方與作法的雞尾酒。組合與概念近似馬丁尼，但以 Lillet Blanc 取代 Vermouth 香艾酒，同時使用伏特加和琴酒，且以搖盪而非攪拌方式完成。

因果香果味甜美的 Lillet Blanc 緣故，嚐來比馬丁尼更明媚柔潤，甘芳襲人，但後勁卻似乎更危險——和劇中女主角 Vesper 一模樣。

二〇一六
9月17日（六）

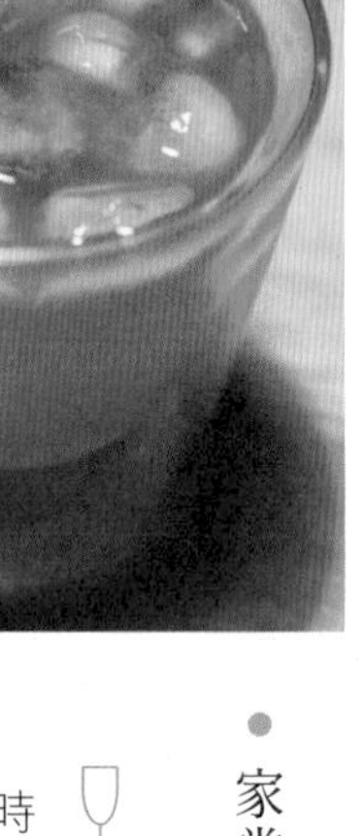

家常隨手調之 Mojitotini

時序雖入秋，天氣依然暖熱，日常之隨手調酒遂也分外清涼。今夜這款，靈機一動結合了馬丁尼的琴酒和香艾酒，以及 Mojito 的薄荷、紅糖、檸檬和蘇打水混調而成，兼有前者的強勁與後者的沁爽，好個微醺消暑飲。

二〇一六

12月8日（四）

橙酒＋檸檬汁，以及？

馬丁尼之外，另一經常在家搬演的調酒類型。可算調酒領域之最經典、也是多年來酒吧裡百喝不厭的基本款組合：烈酒＋橙酒＋檸檬汁，加冰充分搖盪即成——從材料到方法都無比直覺簡單，著實居家小酌良方。

而蒸餾酒不同，名稱與口味也有差異：若調的是白蘭地，稱為Sidecar；琴酒，便是White Lady；伏特加是Balalaika，蘭姆酒是X.Y.Z.，威士忌是Silent Third；同時加入白蘭地與蘭姆酒，名之Between the Sheets；如用龍舌蘭，並在杯緣抹上一圈細鹽，就是赫赫有名的Margarita了！

至於偏愛哪一種？這好像有點兒難答……Sidecar香甜醇美，Silent Third飽滿有個性，白色烈酒為基底的則或清雅或爽勁，各有魅力。且所用酒款不同，又各見不同風致……

所以今晚，嗯，該調哪款好呢？

二〇一八

8月29日（三）

Cognac & Tonic

苦熱一整夏，氣泡飲消耗量大，特別透著迷人苦韻的tonic water通寧水更覺醒脾消暑。且和琴酒一樣，一旦深入才發現，不同品牌、配方，便有無窮變化，遂不知不覺又迷上；成癮之餘，幾乎什麼酒款果汁飲料都抓來加加看，結果極是百搭且時見精采火花。

而最經典如琴酒等白色烈酒所調之Gin & Tonic、Vodka Tonic外，發現與木桶熟成過的深色烈酒配對也極好；且比起近年來也逐漸蔚成勢力的桶陳琴酒的通常顯得銳利，還是更偏愛傳統本格的干邑與威士忌。

比方今晚，便以VSOP干邑和Vermouth香艾酒調和、再擠上一枚檸檬角，芬芳醇美、苦甜酸香，比Gin & Tonic更多幾分層次，也比Whisky & Tonic柔潤，美味沁爽！

二〇一七
11月22日(三)

● 信手拈來之伏特加威士忌特調

白色+黃色烈酒，看似勁烈，卻是我極愛的搭配；只要再來一點蜂蜜添些甜韻、些許檸檬汁提點酸勁，少許可爾必思使搖盪後口感更加豐潤且空氣滿盈……此夜沁涼。醇美香甜一杯飲盡，襲人醺醉裡，舒坦好眠。

二〇一七
5月13日(六)

● 家常隨手調之「Mulberry Manhattan」

桑椹盛產季，婆婆熬了桑椹醬來，一時興起，決定試試調酒。遂以曼哈頓為基礎做變化：波本威士忌、白香艾酒，改糖漬櫻桃為桑椹醬；想再多些個性，又加了點酸橘汁……嗯，果然酸甜暢爽果味盈盈，好喝！

二〇一六 10月16日（日）

● 家常隨手調之「Bourbon Rouge」

近來多添了幾款基酒，自家之睡前隨手調酒遂越見變化多端。

這款，是靈機一動以喝剩的紅酒加入波本威士忌、蘋果汁與一點可爾必思和檸檬汁調成的，果香馥郁卻又流露飽滿的酒感，喝來頗舒服。至於名字……嗯，既有波本又有紅酒，那麼，就叫它「Bourbon Rouge」吧！

二〇一七 8月23日（三）

● 家常隨手調之「蘋果樂園」

將同一來源的不同類型素材混搭調配，可算調酒界常見的創意變化。這回，剛好家中同時有各種蘋果風味材料，那麼，就來玩玩看吧：蘋果白蘭地＋琴酒＋蘋果花蜜＋蘋果汁＋檸檬汁，蘋香果味清芳悠揚，好生甜蜜！

二〇一八
9月8日（六）

果風蕎麥隨手調酒

戀上 tonic water 後，越來越能體會飲品中的「苦味之魅」，遂在調配上更覺靈感多多、左右逢源。當然咖啡與茶之苦最雋永深邃，但我的老毛病，晚間只要沾一點咖啡因便定然夜不成眠，遂而茶調酒咖啡調酒全都得忍痛排除在外。

最近，靈機一動把腦筋動到蕎麥茶上，果然，比麥茶更多些深沈感和燻焙香，效果一點不遜茶和咖啡。比方此番這款，蘭姆酒、lillet blanc、橙酒、酸橘汁、蕎麥茶，以 1:1:1:1:2 比例混合、搖盪均勻，甜潤醇美中透著清晰的層次和線條，可算得意之作。

二〇一七
12月2日（六）

南國風隨手調酒

蘭姆酒＋波本威士忌＋冬瓜茶＋酸橘汁＋鳳梨醬，熱帶風情滿滿的一杯。只不過，一面啜飲一面漸覺，天氣越見寒凍，這從盛夏一路依依不捨遷延至今的冰涼調酒季似乎也該告一段落，接下來，就是熱調酒的季節了！

二〇一八
1月8日（二）

橙香洛神威士忌熱調酒

季候越寒，冰涼酒飲退場，當令的是，熱調酒。

原本最常登板是最最經典，以威士忌、檸檬汁、蜂蜜、熱水和肉桂調製的Hot Toddy，但喝得多了，漸漸忍不住嘴饞手癢，開始自個兒變換口味配方。於是發現，比起傳統冰調酒來，熱調酒其實相對簡單得多：一兩種基酒利口酒、少許檸檬或酸橘汁、些許果醬或糖漬酒漬果物或香料，熱水沖調即可。

比方今晚這杯，以波本威士忌、香橙酒、酸橘汁、洛神花蜜餞與洛神花汁兑上熱水調和而成，酸甜香美，暖烘烘哪！

二〇一六
3月11日（五）

印度香料熱紅酒

把握冬天尾巴，壁爐前，來一杯香料熱紅酒。懶得調配香料，隨手加的是PEKOE的奶茶專用印度綜合香料，沒料到比過去效果都好，辛香馥郁、香暖甜蜜，舒服極了！

食譜

印度香料熱紅酒：小鍋中倒入紅酒、印度綜合香料小火煮至入味，熄火，調入些許柳橙或酸橘汁與蜂蜜，淋上干邑白蘭地，拌勻，即可享用。

廚事。

長年自炊生活，悅與樂無數，此之中，由來自季候與節令意趣尤其令人留戀著迷：

陽曆農曆新年的各色應景年味，春季的清明潤餅宴、新摘茶、自釀梅酒，夏季的蒲仔麵、產地直送荔枝、夕陽野餐，秋天的麻豆正老欉文旦、中秋「仿」烤肉餐，冬季的冬至圓、隨手耶誕與跨年餐……

我想，所謂生活之樂就是這樣吧！隨季節之食的不停流轉、老友般反覆來訪，舊滋味與新回憶一年年交錯、積累；看似不變的日常，因而年年季季月月日日都有紛呈變化與不同味道，那玩味那情致，於是越加醇美，回甘悠長。

二〇一八
1月1日（一）

• 日式鮮蝦豆腐蔬菜雜煮鍋
• 鹹水鴨肉炊飯

佐餐酒：日本鹿兒島魔王芋焼酎加冰
餐後甜點：台中白毛巨峰葡萄

• 「御雜煮 おぞうに」是日本的傳統新年料理，以日式麻糬與各式配料煮成，隨地域差異，各有不同風味組合。而因熱愛日式麻糬緣故，類似料理在咱家其實平日也常登場；但因台灣習俗不過元旦新年，遂而，算是湊湊熱鬧吧！也常趁這日煮來吃。

今晚登場的是關東清湯風，以昆布柴魚高湯加入鮮蝦、香菇、大心芥菜、豆腐與青菜以及烤過的麻糬煮成。清清爽爽、卻是甘鮮有味，配上一鍋以剩餘鹹水鴨煮成的脂腴噴香鴨肉炊飯，舒服滿足一餐。

二〇一六
1月3日（日）

• 日式紅豆年糕湯（汁粉 しるこ）

• 新年應景，原本想煮日式雜煮，結果甜點控的另一半卻突然說比較想吃甜的……

這還不簡單！日式麻糬兩面烤得酥透放上、加入現成紅豆湯中，煮婦省了氣力，點菜的吃得眉開眼笑，皆大歡喜哪！

二〇一八

2月3日（六）

蝦米大蔥金針菇葉蘿蔔鹹粿湯

佐餐酒：日本岩手 EDEL WEIN5 月長根葡萄園 2013 白酒

● 台南兒時家常料理，用吃不完的菜頭粿（蘿蔔糕）簡單煮成，特別農曆年節期間最常上桌。親切熟悉老味道，超滿足。

● 信手拈來以大蔥取代紅蔥或青蔥爆香，加倍甜美。

食譜

蝦米大蔥金針菇葉蘿蔔鹹粿湯：少許油煎香切段的大蔥，放入蝦米與金針菇炒香，加入切塊的蘿蔔糕略煎，注入高湯小火稍煮入味，再入青菜燙熟，以鹽或醬油、少許醋和麻油調味，即可享用。

不愧是曾於漫畫《神の雫》中登場的佳釀，以Riesling Lion品種釀成，果香豐郁、酸度脆爽、個性既優雅又鮮明，習習礦石氣息尤其迷人；和鮮味甜味清潤的菜餚頗搭。

二〇一八
2月11日（日）

● 臘味煲仔飯
● 鹽麴茗荷炒蘑菇
● 香蒜番茄櫛瓜湯

佐餐酒：日本山形高畠紅酒
餐後甜點：青森蘋果切盤

● 春節將至，又是一年一度各種臘味大舉入庫時分。依照往例，第一頓，先做臘味飯痛快享用。不同來源口味香腸熱鬧鬧同冶一鍋，麻辣、甜濃、甘潤、辛香……口感滋味各見千秋，最迷人是鮮香盡入米飯裡，超過癮！

食譜

臘味煲仔飯：米水比例1：1.1，置入土鍋中浸泡約二〇分鐘，淋上適量醬油，排入各種香腸臘味。蓋上鍋蓋，開中大火煮至沸騰，再轉小火煮約一〇分鐘。關火燜約一〇～十五分鐘，開鍋，取出香腸切片，米飯部分以翻切方式拌勻並蓋回鍋蓋再燜幾分鐘後，上方整齊排入香腸片，即可享用。

二〇一六

2月6日（六）

炸年糕

生性不愛油炸料理，幾乎從來不曾留戀念想，唯一例外，大概就是炸年糕吧！應是食物本身的濃濃年節氣氛，每到這時間，就自自然然貪饞想吃。

以往由於怕生油煙，且吃的量也不多，遂都只在婆家或娘家淺嚐，然而近年兩家都少做了，遂只好一反過往從不油炸的廚房持守，捲起袖子自個兒來。

好在強力抽油煙機加持，且只小鍋淺油微火快手少少煎炸個幾片，雖是開放式中島廚房，卻並沒留下太多煙氣油味。熱騰騰香酥酥下肚，好生滿足。

食譜

炸年糕：年糕切片，均勻沾裹上以蛋、麵粉、糖簡單調製的麵糊（可適度加少許水或牛奶調整濃度），放入熱油中小火煎至金黃酥脆即可。

二〇一六 1月17日（日）

橫紋鍋烤黑糖年糕

年年春節前後經常登場的點心。一如前述，雖說從小愛年糕，但由於自家廚房絕少油炸，傳統沾裹麵粉蛋糊酥炸的作法只久久一次穿插，最常還是直接以橫紋鍋小火慢烤。

不僅烙上的一格格焦紋煞是好看，且不油不膩味道清爽，表皮一點點微焦微脆更添芳香；最重要是簡單快速不費事、事後清理也輕鬆。於是就這麼迷上了，每逢這時節總是烤個沒完，直至年過完了糕吃光了，猶仍苦苦念想……

二〇一七 2月11日（六）

元宵節早餐。
來碗桂花枸杞酒釀芝麻元宵。

二〇一六 2月22日（一）

元宵節夜宵。
來碗薑香黑糖桂圓元宵。

二〇一七

4月2日（日）

- 家鄉直送潤餅皮
- 現打花生糖粉
- 烤豬頸肉&五花肉絲
- 烤雞腿肉絲
- 煎蝦仁
- 煎醬油豆乾
- 煎蛋絲
- 清燙皇帝豆
- 炒高麗菜絲
- 炒青蒜絲
- 炒豆芽
- 油麵
- 綠竹筍虱目魚丸湯

佐餐飲料：法國布根地 Lou Dumont Blanc De Noirs Crémant De Bourgogne Rosé 粉紅氣泡酒&青森蘋果汁

餐後甜點：草莓&鳳梨切盤 ZAKUZAKU 棒棒泡芙

餐後茶：鍋煮錫蘭烏巴奶茶

●一年一度清明潤餅家宴，今年首度由台南移師台北家，由我獨挑大樑挑戰。

做菜向來悠哉隨性之忙／懶／饞煮婦如我，菜單貪心開得落落長，卻是依然故我，直到日上三竿才老神在在開工。

好在一如預期，材料雖繁多，作法卻一點不難，尤其烤、煮、煎等多樣烹具作法同步多工進行，加之後段之摺餅剝殼拆絲有賴陸續趕到的家人幫忙，兩小時內輕鬆開動！

大夥兒餐桌上你來我往捲餅挾菜，忙忙碌碌吃吃喝喝說說聊聊；還一一細數回憶往年都有什麼料、配的什麼湯，媽媽曾經耳提面命的順序包法……好開心哪！祈願，年年今日都能如是，相聚同歡笑。

也是全部自己來才深刻領會：家裡潤餅口味極清淡雅逸，其他常聽聞的提味料如香腸片、酸菜甚至烏魚子、豆腐乳、海苔粉從沒出現過；全靠蔬菜肉類蝦仁本身之甘鮮、花生粉之香與糖粉之甜撐起一片天，隱隱然藏於其中的似有若無調味則是另一重點。嗯，這次懂了訣竅，明年定會更好！

●潤餅宴諸材料中，唯獨有一樣沒照咱家過往習慣來——花生糖粉。

由於一時間不知上哪兒買得安心美味花生粉，想想既然PEKOE店內就有好花生，遂決定自己動手看看。

果然，攪拌器裡一陣嘩嘩切磨，沒幾分鐘就有模有樣。糖粉也以家裡現存冰糖照樣打成細粉，三兩下大功告成。

擔心花生出油不敢打太碎，保留了粗顆粒反而口感更好，花生原有的調味在加了糖後，甜中透著隱隱約約的微鹹，平添層次感；現打的噴香更是舉桌皆喊讚。

沒料到最花時間是：花生粉與糖粉的混合比例。到底該多甜才是咱家味道？大夥兒七嘴八舌人人有意見：「再甜一點、再甜一點……」一呼聲此起彼落，好熱鬧！

二〇一八

4月4日（三）

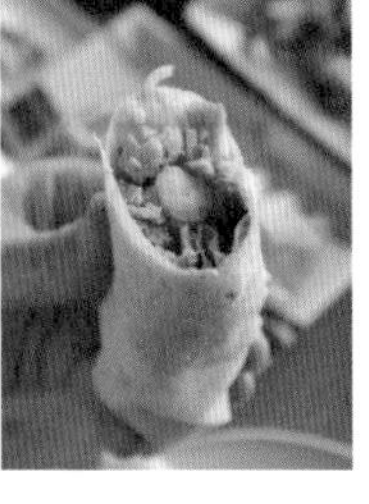

- 全麥潤餅皮
- 現打花生糖粉
- 清燙皇帝豆
- 蒜炒鹽麴蝦米白菜絲
- 醬油滷香菇絲
- 日式高湯汁煎蛋絲

- 醬油煎豆乾
- 醬油煎豬頸肉
- 煎現剝白蝦
- 雞家莊之三味雞肉絲
- 香菜
- 麻油拌油麵

佐餐酒：台灣威石東白中白 2014 氣泡酒
餐後甜點：葡萄柚切盤

- 清明節。雖說早和家人約好了下旬回南掃墓時再相聚吃潤餅，但隨節日越近，越是禁不住高張的饞念，遂決定兩人在家簡單享用。

不肯多採買多生負擔，遂僅重點添購如潤餅皮、油麵、皇帝豆等等非有不可之幾樣鮮材，其餘盡量以手邊現有庫存凍存食材對付；作法力求速簡、菜量審慎拿捏，信手拈來拼拼湊湊，倒也有模有樣。

有了去年獨挑大樑經驗，今年一樣謹遵台南家傳清雅之風，不尚任何濃味素材；但為求滋味之活潑層次，稍微在調味上多做了些變化，審慎以醬油、鹽麴、日式高湯、蒜與蝦米分別提味，果然豐富不少。花生糖粉則直接以PEKOE的花生糖研磨而成，比分開打更省時省力且還加倍噴香。

兩人各三小捲，剛剛好將所備菜料悉數掃光一點不留，美味過癮哪！

二〇一八 4月22日（三）

● PEKOE之印度大吉嶺春摘茶，如山茶樣裡，如火如茶品試中。

今年，自然與人為因素煩擾，極罕見直到將近季末，仍試不到滿意可下訂的品質。自初春以降，一批批等茶、收茶、反覆品試，既不肯屈就、又擔心本季全數向隅，著急焦灼不堪。直至這批，想是天時地利終究圓全，動人茶香茶味接連浮現……

鬆了口氣，放下心上大石，這會兒，又回到過往好生奢侈拿翹的左右為難——嘖嘖，這也精采那也不錯，這款中國種甜氣潤美、那款AV2新種花香悠揚，這款滋味清逸剔亮、那款多幾分單寧力度線條……唉呀呀這季，到底該選誰好呢？

二〇一八

5月5日（六）

●其實一直不曾動念想過釀梅酒。只因婆婆釀的梅酒太好喝，懶／忙煮婦如我樂得十數年來坐享其成；即使自釀梅酒熱潮狂襲，周遭朋友紛紛加入行列，依然不動如山，酒來張口。

直到去年梅季到，婆婆照例開釀。酒鬼夫妻一時興起，平常慣用的米酒頭之外，何不順道玩一罈威士忌梅酒換換口味？遂分得完熟青梅一砵、冰糖一袋、家存玻璃罈兩只，照婆婆叮囑的酒梅糖1:1:1比例依序盛罈，傾入事先備好的威士忌，便大功告成。

釀成一大一小兩酒罈，小的是單一麥芽、大的是調和威士忌，一罈冰糖一次全下、一罈則接下來按月分次添加。

一路忍耐等得今年梅季又到，歡天喜地開罈裝瓶品嚐：梅香梅甜梅味中透著深沉醇厚酒底酒氣，且二者之味香各見千秋——同樣是威士忌的深沉渾厚，調和威士忌梅酒多了幾分嫵媚潤甜，來自木桶的香草芬芳洋溢；單一麥芽威士忌梅酒則線條分明、稜角清晰，酸度飽滿有力。

夫妻倆一致偏愛後者多些。但毫無疑問，都是讓人欲罷不能的好好喝威士忌梅酒。果然自釀最高，在此得證！

歡飲之餘，也同步著手今年新釀。此次配方稍微改變：基酒是正沉迷中的琴酒，糖為半量PEKOE蔗香紅糖、半量冰糖，酒梅糖比例則為一般普遍流傳的3:2:1。

這新入罈之琴梅酒，又將熟陳成什麼樣的芬芳？且待來年揭曉！

PEKOE
Since 2002

二〇一五

5月9日（六）

遲來的立夏蒲仔麵

佐餐酒：紐西蘭 Main Divide Waipara Valley Riesling 2010 白酒
餐後甜點：蘋果切盤

● 台灣傳統習俗，立夏日要吃「蒲仔麵」，所謂「立夏日，家食匏子和大麵作羹，俗以食之令人肥白。」今年不小心遲了些，且就當做季節之鮮，打打牙祭吧！

食譜

蒲仔麵：少許油爆香蔥段與蝦米，入香菇絲略炒，再入黑豬肉絲續炒。加入切絲的扁蒲炒香，加少許水、蓋鍋燜至將近軟熟；加入煮好的關廟意麵炒勻，以適量醬油與海鹽調味，即可享用。

二〇一六
6月2日（四）

●年年此季之最期待，大批玉荷包荔枝堂堂來報到！歡天喜地拆箱剪好洗好，此刻照例浸泡鹽水中。

說到浸鹽水目的，主要來自坊間流傳：泡鹽水後再冷藏，一來可保鮮、二來比較不上火；自己試過後覺得效果似乎不錯，便年年都這麼做。

嗯，好想現在馬上來一顆哪！

二〇一六
6月7日（二）

●不知為何，近幾年每逢荔枝季便有遠行。弄得一大箱來家後，發狠拚吃沒幾天，就得捨下這季節美味打包行囊出國去。

也好，照例把吃不完的荔枝全數剝殼、去籽，裝盒冷凍保存；待得返國歸家後，就可拿來打成涼透心的荔枝冰沙痛快享用了！

二〇一五
6月27日（六）

● 海苔梅子糙米飯糰
● 醬油玉子燒
● 煎香腸蘋果嫩菠菜沙拉

佐餐茶：百香果冰茶
餐後甜點：巨峰葡萄

● 心血來潮之河濱公園夏日夕陽野餐——話說，雖然年輕時頗嚮往美麗優雅如畫的野餐，旅行時也經歷過不少；但有趣是，我家的常日野餐，因始終是臨時起意任性而為，遂從道具到菜色均極樸素簡單……

怕熱怕曬，往往都到傍晚才開始動念，還得窗前觀望琢磨好半晌確定待會兒天色應夠美，才終於下定決心起身動作——這會兒就不免有些發急了，冰箱裡現有材料隨手亂抓，三兩下速速調理、組合出一二菜色＋飲料甜點，忙忙裝盒裝袋，不到半小時便一切就緒奔出門去，趕在日落前坐定位置……呼～好在沒有錯過夕陽。

早幾年，邊賞斜陽霞光邊放懷大嚼之際，免不了還是會彼此念叨：以後是不是盡量提前計畫比較從容、菜也有時間做得精緻些？要不要添購些美美野餐配備、不要光只用現成廚房道具湊數？單眼相機好像該順手拎出來、可以拍得比較好看？

但每是舒服享用完畢後便全忘個精光，下趟還是故態復萌照章重演一次。

到後來於是也就放諸隨性了，既是自做自食自得其樂，形式其實不那麼重要……甚至，越是興之所致，越是加倍甘美；開心就好，自在最好！

二〇一五
9月9日（三）

● 麻豆正老欉文旦柚。一年一度，從台南家鄉再次來到。一如既往，木砵裡高高堆疊，靜待辭水中。

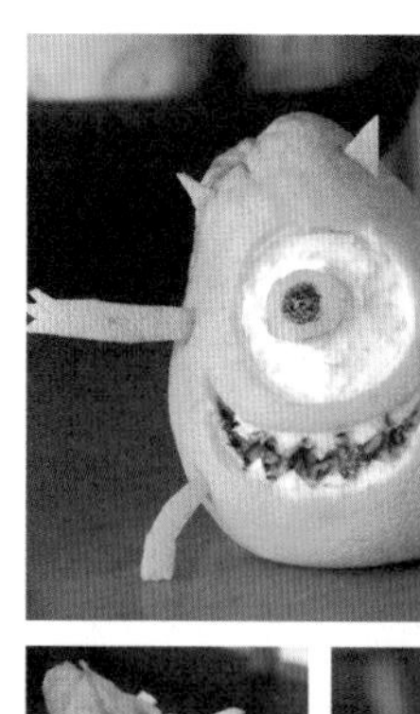

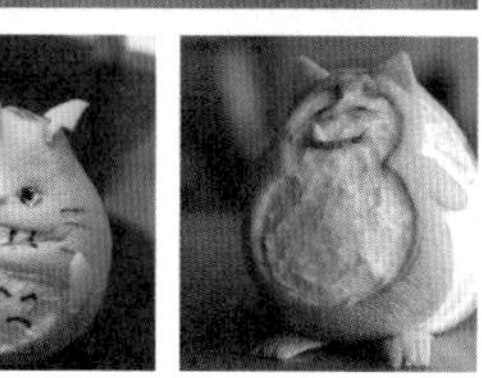

● 另一半的一年一度文旦勞作。最早始於二〇一三年中秋期間的一時心血來潮，結果貼上臉書後大獲好評；自此後，每年文旦照一貼出，定然有人敲碗詢問今年作品何時亮相。於是，從頭兩年的龍貓、而後卡比獸、大眼怪、玉兔……就這麼成為咱家每逢文旦季必然登場、備受愛戴的例行演出。

二〇一八

9月23日（日）

● 香蒜紅椒粉鹽麴烤黑豬頸肉
● 檸檬山椒烤鮮蝦
● 烤麻辣&高粱香腸
● 魚露七味粉烤玉米筍
● 杏仁核桃番茄豌豆苗沙拉佐黑櫻桃橄欖油醋汁
● 自家製免揉麵包

佐餐酒：蘇格蘭艾雷島 Caol Ila 12年單一麥芽威士忌＋冰＋接骨木通寧水

餐後甜點：麻豆正老欉文旦柚

● 中秋夜，網路上一片洋洋得意烤肉照，看得人好生羨慕，偏偏趕稿忙昏，也沒空出門採買……遂按昔年往例，手邊現有素材略做拼湊，快手來頓「仿烤肉餐」。

雖一律橫紋鍋烤，但為求變化，刻意每道都做了不同搭配：豬頸肉以鹽麴、黑胡椒、大蒜醃過再灑紅椒粉，鮮蝦搭山椒粉和檸檬汁，玉米筍佐七味粉和魚露……果然豐富噴香各見滋味，滿足一餐。

二〇一六 12月21日（三）

黑豬肉香菇蝦米茼蒿鹹湯圓

佐餐酒：法國隆河區 Le Vieux Donjon Chateauneuf-du-Pape 2014 紅酒
餐後甜點：雪梨切盤

冬至應景午餐。雖說芝麻餡花生餡大湯圓是此刻主流，但最想念留戀還是從小吃到大的小湯圓。尤愛鹹口味：豬肉、香菇、蝦米、大骨湯、茼蒿菜，缺一不可；熱騰騰來上一碗，暖了回憶與味蕾，肚腸心靈同感慰藉。

二〇一七 12月24日（日）

蒜味香料煎雞腿排
洛神花橄欖油醋嫩菠菜沙拉
咖哩起司烤馬鈴薯
自家手揉 pita 口袋麵包

佐餐飲料：氣泡梅子醋飲
餐後甜點：梨山奇異果切盤

耶誕夜，氣氛上似乎該吃西菜，偏沒空出門採買，遂以家中現有材料對付：快手揉了 pita，平鍋簡單酥煎了雞排，再烤份馬鈴薯、拌點沙拉、倒杯剩餘紅酒……一桌子擺開，居然還算有模有樣。

兩人一邊欣賞早先錄下的影集、一邊悠然享用，好個自在靜靜平安夜。

二〇一六

12月31日（六）

● 蒜味香料鹽烤豬五花佐馬鈴薯塊

● 堅果番茄乾杏桃乾春菊沙拉佐金桔香橄欖油醋汁

● 法式麵包兩種

佐餐酒：法國隆河區 E. Guigal Cotes du Rhone 1998 紅酒

餐後甜點：屏東黑珍珠蓮霧切盤

● 二〇一六最後一餐，照理該吃隆重豐盛點，偏偏閉關趕稿忙翻天，遂決定仍舊偷懶烤箱菜解決。果然，一段豬五花輕輕鬆鬆烤得噴香四溢，皮Q彈脂肥腴肉濃潤，同烤的馬鈴薯飽吸精華後更是美味無比，太過癮！

食譜

蒜味香料鹽烤豬五花佐馬鈴薯塊：厚片豬五花於豬皮上切出刀紋，各面均勻抹上海鹽，再抹上調和了紅椒粉、乾羅勒、乾迷迭香、現磨黑胡椒、切碎大蒜、適量醬油與橄欖油的醃料，包好放入冰箱醃製數小時後取出，放入鑄鐵烤盤，周圍鋪上切成滾刀大塊的馬鈴薯，推入預熱至一九〇℃的烤箱中，烤約三〇～四〇分鐘，過程中可適時將豬五花與馬鈴薯翻面、並將釋出的油脂澆淋其上，至表面金黃香酥，即可享用。

婆家洋酒櫃裡偶然挖出的一瓶角落裡默默不知「站」了多少年的紅酒。戰戰兢兢打開來嚐，卻出乎意料之外地好——明明只是尋常基本款，保存溫度狀態條件也全不在規矩內；卻竟一點不曾腐朽凋敝，靜置一晌後，婉轉透出歲月經久淬鍊後才能有的熟齡紛呈芳香，熟成蜜餞乾果味裡，各種乾香料氣息繽紛齊放，好生陶醉。

年輕時、剛剛迷上入廚之際，頗愛找朋友來家吃飯；不僅從好幾天前就開始準備，菜餚意圖野心滿滿，且還動輒十數人熱鬧開宴。

後來，工作一年年越來越忙碌，光照顧自家吃食已然分身乏術、無暇其他；且對食材之本來滋味耽溺越深，做菜越來越清簡清淡、再不耐煩做大菜了……偏偏這當口還結識多位廚藝高手食友，個個家宴菜之華麗澎湃繁複細工程度驚世絕倫，連一般餐廳廚都瞠乎其後，更非我這半路出家三腳貓可堪比擬。

遂就這麼懶怠了，最多來家喝喝午茶吃吃點心，好長一段時間都不曾動念做菜宴客。

直到幾年前，自宅全面翻修，新居落成，四方朋友紛紛來訪。由於穩占全家四分之一面積的開放式廚房是第一注目與話題焦點，加上各社群平台上日日分享的三餐圖文傳揚日廣，漸有親近熟友開始敲碗央求；雖說諸事纏身，無論如何不可能頻繁，但也就這麼自然而然開始偶爾留客吃飯。

到這階段，一來年歲增長，心態越是灑脫放開，二來掌廚二十年，慢慢也算累積了些經驗與自信；因此，意念想法一轉：橫豎就當尋常自家吃飯，多添幾個人（其實因飯廳餐桌小小僅容四人，遂最常就是兩人……）、幾付碗筷刀叉幾道菜罷了。

於是，卸下得失心與壓力、也不做艱難挑戰，作風一如日常，全按自己的節奏來：只以最簡單好做菜餚對付，買到什麼想吃什麼就做什麼，並慎選好酒好茶好甜點佐搭助興，同時不失一貫的玩心與悠然。

自顧自任性程度，甚至白日照常埋首工作，直到開席前一兩小時才開始準備，之後一邊煮一邊吃，做幾道上幾道吃幾道，一邊兒喝茶佐酒天南地北說說聊聊；自個兒輕鬆寫意，賓客自在歡暢！

二〇一六
10月23日（日）

- 梅醬伊比利生火腿黃綠櫛瓜卷
- 韭花無花果拌油漬沙丁魚
- 蒜醬煎牛肉堅果芝麻菜沙拉佐芒果乾橄欖油醋汁
- 海苔玉子燒
- 兩種起司烤香腸綠竹筍
- 番茄橄欖百里香烤去骨雞腿
- 香魚一夜乾炊飯
- 法式棍子麵包

佐餐酒：法國 Larmandier-Bernier Brut Rosé de Saignée 粉紅香檳，法國布根地 Domaine de la Pousse d'Or En Caillerets Volnay Premier Cru 2006 紅酒

佐餐茶：冷泡 PEKOE 之春摘大吉嶺紅茶

餐後甜點：PEKOE 之香草冰淇淋＋espresso 咖啡

●可算咱家宴客模式漸趨成形的一餐：全由家常菜餚脫胎而出，只在搭配或調味上稍微再別致繽紛些；菜式台日西亞混融，排序則從涼到熱、從淡到濃，且蔬菜肉魚交互穿插，並避開主客不愛的甲殼與頭足類海鮮，最終以炊飯收尾，賓主盡歡。

食譜

韭花無花果拌油漬沙丁魚：無花果切塊，鋪上油漬沙丁魚，沙丁魚身灑上海鹽，淋些許罐內魚油，點綴上清燙過的韭菜花，即可享用。

蒜醬煎牛肉堅果芝麻菜沙拉佐芒果乾橄欖油醋汁：略有厚度的肥牛肉片放入燒熱的鍋中兩面略煎，過程中適時灑入切丁的大蒜、淋上醬油，煎至喜歡的熟度隨即起鍋、放涼，鋪在生菜上，灑入綜合堅果，淋上以芒果乾、橄欖油、紅酒醋與少許醬油調成的醬汁，即可享用。

●另一半寫／畫的菜單。最早原本只是央請幫忙騰寫茶酒菜名、以方便客人參閱；結果寫著寫著，向來淘氣（且自認很有美術天份）的他，漸漸開始在空白處信手塗鴉。剛開始只是畫幾枚略具卡通感的插畫，沒料到大受歡迎，於是一次一次越畫越繁複激情，近來甚至應要求進一步升級成彩繪路線……至今鋒頭已快壓過料理，成為家宴另一備受期待重點戲碼。

二〇一七
8月25日（五）

- 蜜李番茄芝麻菜沙拉佐藍紋起司蜂蜜橄欖油醋汁
- 西班牙伊比利生火腿芒果捲
- 滷豆乾&綠竹筍佐柚子胡椒汁
- 蒜烤油漬沙丁魚櫛瓜蘑菇
- 鳳梨番茄黑蠔菇紅咖哩燴鴨胸&棍子麵包
- 虱目魚肚炊飯

佐餐酒：法國布根地 Domaine Buisson-Charles Meursault Vieilles Vignes Cote de Beaune 2011 白酒，法國薄酒來 Jean Claude Chanudet La Cuvee du Chat 2014 紅酒

佐餐茶：冷泡台茶18號紅玉紅茶

餐後甜點：PEKOE X SEASON 之情人果天使容顏&荔枝英式伯爵茶雪酪

餐後酒：葡萄牙 W & J Graham's Vintage Port 2000 波特酒，自家隨手調之馬丁尼

● 宴客漸漸上手，玩心就來了——長年雜誌編輯訓練養成，深知設定主題是營造亮點且能迅速聚焦創意、成形內容的省心省力之方；用在家宴上，果然一樣奏效。

以今晚來說，剛剛巧是熱帶水果盛產季，信手拈來便成一頓果風宴饗；酸甜果味濃飽芬芳，道道盤底朝天全掃光，舉座大飽大讚、圓滿一餐。

食譜

滷豆乾&綠竹筍佐柚子胡椒汁：蔥薑蒜切段以少許油爆香，放入豆乾和熟綠竹筍，加適量水、醬油、蜂蜜滷至充分入味，熄火，原鍋靜置放涼。取出竹筍切滾刀塊、豆乾切條盛盤，剩餘的滷汁過濾後加入柚子胡椒小火煮沸，淋在豆乾與竹筍上，灑上蔥花，即可享用。

鳳梨番茄黑蠔菇紅咖哩鴨胸：適量椰子油將切碎的大蒜和洋蔥小火炒至熟軟，放入紅咖哩醬炒香，再入切塊的番茄、黑蠔菇與鳳梨拌炒，倒入適量白酒和一片月桂葉、現磨黑胡椒拌勻，煮至芳香入味，放入煎好切大片的鴨胸（食譜見第二八七頁之「鐵鍋煎鴨胸」）快煮幾分鐘，灑入新鮮九層塔葉拌勻，即可享用。

二〇一七
12月30日（六）

- 椒麻煎豬肉蜜棗春菊沙拉
- 佐洛神花橄欖油醋醬汁（川辛）
- 馬告烏魚子玉子燒（台辛）
- 泡菜雙起司烤馬鈴薯（韓辛）
- 綠咖哩海鮮蔬菜鍋（泰辛）
- 柚子胡椒柳葉魚炊飯（日辛）

餐後甜點：黑白胡椒梅酒酸橘鳳梨荔枝冰沙（甘辛）
佐餐酒：法國布根地 Simonnet Febvre Cremant 氣泡酒、蘇格蘭 Scapa 16年單一麥芽威士忌 highball
佐餐&餐後茶：冷泡魚池台茶21號紅韻紅茶、2000 武夷肉桂茶

● 家宴素來隨性，除了向以家常菜待客，一貫喜新求變個性使然，總愛試試新口味新配方，並設定主題以增趣味——今晚，挑戰的是「辛風味」。

以各色亞洲辛辣辛香口味串場，從四川的花椒、台灣的馬告、韓國的泡菜、泰國的綠咖哩、日本的柚子胡椒……連甜點的水果冰沙都加入磨碎的黑白胡椒提味增香。

果然道道滋味奔放，幾道平常偶而做的菜，都因辛香料的提點與撞擊而更顯活潑有勁道。

自個兒玩得痛快，最歡喜是賓客也都心善嘴甜好生捧場，全數一掃而光。

● 來自微博網友的評論。彷彿親臨現場般，把我的思路全說出來了，讓人有點兒飄飄然。順記在此：

「每一道的辛都覺恰到好處，有的辛突出鮮，有的辛突出爽，有的辛營造味覺上的直接衝擊力，有的辛則引出複雜的口感與回味……要集齊多種辛不難，難的是這樣起承轉合而成一桌佳宴，滋味是彼此成就而不是相互打架，真是越看越見功底。」

二〇一七
10月27日（五）

- 雙味腐乳拌鮮蝦綠竹筍
- 破布子燒蒲瓜
- 塔香味噌蛤仔滷虱目魚
- 扁魚韭蔥豆腐鍋
- 蝦米香菇黑豬肉炒米粉

佐餐酒：法國薄酒來之Louis Jadot,Beaujolais Villages Nouveau Non Filtre 2016、Domaine Chanonard Morgon 1996、Christoph Pacalet Saint Amour 2016、Philippe Pacalet Moulin a Vent 2015 紅酒
餐後甜點：麻豆正老欉文旦柚&甘露梨切盤
餐後茶：冷泡宜蘭冬山翠玉紅茶

● 好友裕森來家吃飯，一改過往宴客總是台日西泰融合作風，決定全派台味家常菜出馬，並說好全以薄酒來紅酒佐餐。

由於自己也頗著迷於薄酒來，家中試了多回，與台菜確實和合——既然如此，當下萌生淘氣之心，決定把規格更往上拉高：大膽選出多種過往與紅酒常有衝突的「鮮味食材」，魚、蝦、蛤蜊等海鮮之外，還刻意聚焦於經發酵、醃漬、風乾之各款鮮味元素，相互組合設計出一套「台菜之鮮vs.薄酒來之味」菜單，與薄酒來全面開戰！

驚喜過望是，不愧迷人薄酒來！裕森所選四款酒竟然全沒被考倒，從腐乳的鹹鮮、破布子的甘鮮、味噌的濃鮮、蝦米香菇的爽鮮，從Nouveau、Morgon到Saint Amour……除了個性稍強的扁魚，以及格局較偏緊緻的Philippe Pacalet Moulin a Vent 2015略有顛簸，幾乎道道都能琴瑟和鳴水乳交融。

其中，以破布子燒蒲瓜和塔香味噌蛤仔滷虱目魚最突出；特別後者，原本開煮前裕森還有疑慮，且對這天外飛來組合直呼不解，弄得我只好從日式味噌滷魚、台式醬煮虱目魚到義式狂水煮魚一路細細解釋其中融合脈絡……

結果大受好評！鮮醇濃烈的襲人海味，與薄酒來、尤其質地清芬雅逸的Domaine Chanonard Morgon 1996，相互撞擊出馥郁奔放的襲人芳香，美味得你一筷我一口瞬間搶光！

是一回對薄酒來、對台菜之餐酒搭，也對料理之風味拿捏、家宴之節奏掌控，又得更多觀照、思考與啟發的宴饗，收穫多多。

食譜

塔香味噌蛤仔滷虱目魚：蔥薑切細，以適量油爆香，放入虱目魚兩面煎至金黃，加入蛤蜊，淋入事先調勻的清酒、醬油與味噌，蓋上鍋蓋，小火煮至蛤蜊將開，灑上九層塔葉，待蛤蜊開口，即可享用。

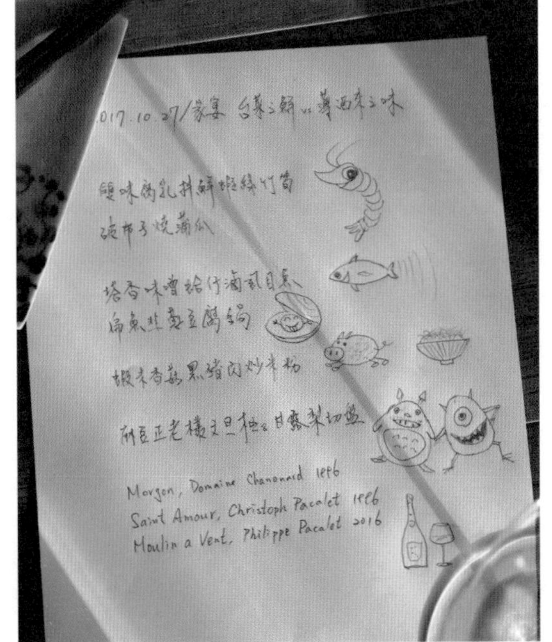

二〇一八

2月3日（六）

- 羅勒茼蒿拌豆乾
- 日式野生烏魚子佐蜜棗
- 油漬鯷魚雙起司烤球芽甘藍
- 香料煎雞排佐三梅紅酒醬汁
- 茗荷火燒蝦炊飯

餐後甜點：薄荷薑香黑糖桂圓蘭姆酒煎香蕉、屏東枋寮直送蓮霧

佐餐酒：瑞典 BOX The 2nd Step 03 單一麥芽威士忌、法國阿爾薩斯 Domaine Zind-Humbrecht Gewurztraminer Herrenweg de Turckheim Vieilles Vignes 2009 白酒、法國布根地 Domaine Bertagna Les Petits Vougeots Premier Cru 2002 紅酒、英國 Fuller's Vintage Ale 2009 啤酒

餐前餐後茶：冷泡 PEKOE 伯爵茶、台灣國姓鄉咖啡果實茶

- 說定好久的一餐，大夥兒都忙，終於在年前得能聚首。這回，由擅酒嗜飲好友K大先決定酒單，我再構思菜餚佐搭。

對此，一來玩心重、加之材料取得狀況，依然在既有家常菜基礎上，又多了些新嘗試：比方因沒有九層塔，改以新鮮甜羅勒拌茼蒿豆乾，感覺似是更顯清香。難得買到火燒蝦，靈機一動和茗荷一起入鍋炊飯，美味得讓人大嚇一跳。

梅子紅酒醬汁一口氣用了三種梅，味道豐富、但酸度稍微高，下回在甜味果味上應再多強調。原本想以威士忌烹香蕉，但主客一眼瞄見櫃裡的BBR陳年蘭姆酒說想試試，遂臨時抓了上場，為此特意略減了薑汁黑糖桂圓的量、並拉高薄荷比例，效果大好。

●餐酒方面，一如歷來酒食搭配之樂之趣，大致皆能水乳交融，像是潤甜且泥煤氣息溫煦的BOX威士忌（現已更名為High Cost）與烏魚子和拌豆乾，阿爾薩斯Gewurztraminer和鯷魚起司烤蔬菜，布根地紅酒與梅醬雞排，都頗和合。

但也有天外飛來驚喜，比方火燒蝦炊飯和陳年紅酒竟然比預期中的威士忌更搭；以及，經久熟成的Fuller's 2009年份啤酒在室溫中飲用，習習綻放的黑色蜜餞、巧克力與黑麥香，決定以薄荷桂圓香蕉配它，果然撞擊出燦爛火花。

比較挑戰是，從餐前就大肆開喝，一路帶著醺然醉意做菜……究竟靈思手感因而更活絡泉湧，還是該慶幸好險沒出大差錯？

食譜

油漬鯷魚雙起司烤球芽甘藍：烤盤塗上橄欖油，排入洗淨切半的球芽甘藍，灑上鹽、胡椒與切碎的大蒜，均勻鋪上切碎的Mozzarella與磨碎的Parmigiano Reggiano起司，灑上碾碎的油漬鯷魚與油脂，放入預熱至一八〇℃的烤箱，烤約十五分鐘，或至起司融化、表面金黃即可。

薄荷薑香黑糖桂圓蘭姆酒煎香蕉：適量奶油於平鍋中燒至融化，放入切半的香蕉兩面略煎，淋上蘭姆酒，引火燒炙片刻，淋上桂圓黑糖薑汁，灑上薄荷拌勻，即可起鍋享用。

雖說夫妻兩人一起生活、一起工作、一起吃飯，但畢竟各有事忙，遂也時而落單。由於素來宅性堅強，一人獨食，當然還是在家自炊自食；且因早習慣將每一餐視為日常點滴之樂，遂也同樣一點不肯敷衍，依然認認真真對待。

而也許因平素廚中原就頗注重分裝備料、形式與效率講求輕簡緣故，感覺一人與兩人做飯似乎相距不大：同是細細享受烹調與享用過程，同是任性煮當下想吃愛吃的菜——尤其純粹只需取悅自己的味蕾，想多淨素就多淨素、想多清淡就多清淡，更覺自在。

差別只在於，份量要更精準拿捏以免脹死自己，以及因道數較少遂得稍微注意食材仍要兼顧多樣……還有，餐桌上安靜了些，另外，得自己洗菜洗碗——其餘，樂在美味中，一樣！

二〇一六
1月16日（六）

鍋燒梅子春菊杏鮑菇烏龍麵

佐餐酒：法國布根地 Bouchard Pere & Fils Bourgogne Hautes Cotes de Nuits 2013 紅酒

餐後甜點：柳丁切盤

食譜

鍋燒梅子春菊杏鮑菇烏龍麵：昆布柴魚高湯＋適量醬油煮沸，加入蔥段與切片的滷杏鮑菇（作法見第五十九頁食譜，以泡發的乾香菇取代亦可）略煮，放入日本梅乾與燙至將熟的烏龍麵再煮一兩分鐘，放入青菜燙熟，熄火，灑上少許日式七味粉或辣椒粉，即可享用。

二〇一七
10月2日（一）

香菇韭菜旗魚黑輪豆腐麻糬鍋

佐餐酒：澳洲 Hunter Valley Mount Pleasant Single Vineyard Lovedale Semillon 2007 白酒

餐後甜點：蘋果切盤

對自煮獨食者而言，鍋料理無疑絕佳良伴。香濃濃熱騰騰煮上一鍋，簡單快速又豐盛；尤其若手邊有日式麻糬，隨手丟兩三枚入鍋、待熟軟便可上桌，連煮飯都省了，超輕鬆！再倒杯好酒，溫暖美味，靜靜舒坦，好個悠然時光。

二〇一五

11月1日（日）

酒釀鮮蝦蔬菜豆腐麻糬鍋
佐酸橘醬油

佐餐酒：沖繩「瑞泉 御酒 古酒」泡盛 加冰

餐後甜點：奇異果切盤

食譜

酒釀鮮蝦蔬菜豆腐麻糬鍋：昆布柴魚高湯煮沸、加入適量醬油，放入青蔥與豆腐稍煮入味，再入杏香菇與烤過的麻糬煮軟，倒入酒釀煮沸，放入鮮蝦燙熟，再入春菊滾一下，嚐一下味道，若不足再以鹽調味，即可享用。

• 聽聞十一月一日是「本格燒酎&泡盛日」。那麼，就以一杯沖繩泡盛共襄盛舉吧！此酒為沖繩旅行帶回的戰利品。以據說幾乎已經失落的戰前古黑麴菌重新復育後釀造、蒸餾、陳年熟成。在泡盛特有之強烈奔放芳香裡透著驚人的圓熟甜潤口感，好喝，和鍋物料理也合。

• 好奇查了典故出處——本格燒酎&泡盛日源自一九八七年九月、於日本酒造組合中央會中共同制定，根據有二：

(1)本格燒酎一般約從每年八、九月份開始釀造，至十一月一日前後剛好上市，正是品嚐新酒之絕佳時刻。

(2)日本神話傳統十月為「神無月」，眾神紛紛離開駐地前往出雲大社集會，十月結束，十一月一日方各自賦歸回任，遂成舉酒祝神之日。

二〇一七
1月19日（四）

● 香菇蝦米刈菜飯
● 青蔥海菜豆皮味噌湯

佐餐酒：日本明石信紅酒梅酒＋泡盛
餐後甜點：紐西蘭紅櫻桃

● 生性懶散加之素愛清淡，從來烹煮菜飯多偏日式炊飯作法。今天突然很想念刈菜飯，遂回歸台式步驟，先爆香炒料再燜煮，果然夠味。改天，趁此高麗菜盛產時節，來做高麗菜飯吧！

● 一般總覺菜飯／炊飯通常非得大鍋分食，其實不然。只要備一小巧鍋具，半杯米、幾樣配料，快手簡單一烹而就，自煮獨食也可以極是精巧快意。

食譜

香菇蝦米刈菜飯：少許油炒香蔥段，放入蝦米與泡發切小丁的香菇炒香，再入切小塊的刈菜，淋入醬油拌炒至半熟，倒入生米拌勻，注入米量約八～九成份量的水拌勻，蓋上鍋蓋煮至滾沸，轉微火煮約一〇分鐘，熄火燜約一〇～十五分鐘，開鍋拌勻，即可享用。

二〇一七
10月5日（四）

● 青蔥蘑菇豆皮蓋糙米飯

● 《俠飯》風之柴魚小魚乾葉蘿蔔味噌湯

佐餐酒：美國 Napa Valley Beringer Founders' Estate Cabernet Sauvignon 2015 紅酒

餐後甜點：蘋果切盤

● 一如前面〈蓋飯〉篇所言，只要家有「存飯」，便是三兩下快手一餐之不二法門。尤其自煮獨食，更全靠此輕鬆開飯。最常登場是蓋飯，直接菜料蓋於飯上，形式單純、卻是美味暢快，可謂一人食排行榜上、足與鍋料理並肩名列前茅之絕佳夥伴。

而一眾蓋飯裡，最愛是豆皮蓋飯，不但簡單好做，且材料越是素樸越是美味，配糙米飯也搭，百吃不膩哪！

● 從日劇《俠飯》學來的味噌湯煮法：不備高湯，柴魚片直接下鍋烹煮且不撈除、當湯料一起喝掉，快手豪邁。今日試做，還隨手多下一把小魚乾提味，結果極是鮮濃夠味；一人食尤其便捷省工。

然不知怎的，卻是越喝越有熟悉懷念感，這才醒起……欸，這分明就是咱台南菜粽攤的味噌湯作法嘛！兜了一大圈，原來根本就是家鄉味，太有趣啦！

食譜

青蔥蘑菇豆皮蓋糙米飯：少許油爆香蔥末，加入蘑菇略炒，放入切段的豆皮略煎，淋入適量水與醬油，小火煮至豆皮熟軟、湯汁略收乾，起鍋鋪於糙米飯上，即可享用。

二〇一七
10月25日（三）

● 麻婆豆腐蓋糙米飯
● 蔥香番茄高麗菜湯

佐餐酒：法國布根地 Claude Dugat Gevrey-Chambertin 2008 紅酒
餐後甜點：蓮霧切盤

● 因為喜歡爽淨的米飯滋味和口感，做蓋飯料向來習慣盡量把湯汁收乾，是菜佐飯而非醬泡飯，美味舒坦。

二〇一五
10月30日（五）

● 蔥薑馬告滷香魚
● 番茄櫛瓜湯
● 糙米飯

佐餐酒：奧地利 Niederosterreich Ebner Ebenauer Gruner Veltliner 2013 白酒
餐後甜點：蘋果切盤

● 日本料理研究家土井善晴曾說：「如果只是一湯一菜的話，不論多忙都能自己開伙備餐。」

確實如此。只不過，忙碌煮婦如我顯然更偷懶……自煮獨食，最常做還是更省時省力省洗碗的一鍋一飯、一蓋飯一湯；一菜一湯一飯反成偶一為之的奢華。今晚想吃魚，遂以個頭小巧香魚做成滷煮料理，加一小盅番茄蔬菜湯，份量剛好，卻多幾分豐盛感。

● 馬告（山胡椒）是我心目中的神奇本產香料，散發著薑、胡椒與香茅般的馥郁馨芳，香得繽紛卻又雅緻，回味無窮哪！

二〇一八
10月3日（三）

● 一鍋燒油漬鯷魚番茄蘆筍花&太陽蛋
● 香烤厚片吐司

佐餐酒：自家隨手調之金桔梅酒泡盛氣泡飲
餐後甜點：麻豆正老欉文旦柚

● 簡到極致的一人晚餐。十幾年前從美國作家Laurie Colwin的食書裡學來的方法：將蔬菜與蛋一鍋同烹，藉由蔬菜釋出的水氣將蛋蒸得軟嫩，步驟簡捷無比；多年來做了多種不同組合，西式口味佐麵包、家常台味配米飯，美味清爽。今晚以油漬鯷魚炒番茄&蘆筍花，更多幾分腴潤鹹甘。

食譜

一鍋燒油漬鯷魚番茄蘆筍花&太陽蛋：少許油爆香切碎的大蒜，倒入切小塊的番茄與蘆筍花炒香，拌入油漬鯷魚（可適度加入些許罐中油脂），將番茄與蘆筍花以鏟子撥至鍋邊，打入雞蛋，蓋上鍋蓋燜一下；等鍋裡的水氣將雞蛋烹成外熟內嫩軟滑程度，即可熄火，連鍋上桌享用。

可能和大多數人不一樣，我之偶一為之、自己動手做麵包披薩甚至pita口袋麵包，全是因為「懶」……每說到此，都必然引來一陣驚疑：「反了反了，明明這麼麻煩的事兒，怎麼反而變成偷懶呢？」

說此話朋友，顯然都低估了煮婦我這無比堅強、非必要絕不輕易外出的「宅性」——是的，從不肯花時間力氣對付繁複菜餚，遂始終成不了烘焙高手與狂熱者的我，全是因為家裡沒了麵包或想吃披薩、卻還是懶得邁出大門，沒奈何，只好端出碗缽粉料自己解決。

其實年輕時是上過幾堂手作麵包課的。當然不是真的對烘焙感興趣，純粹出乎對飲食的旺盛求知欲，想把其中理論概念徹底弄懂罷了。沒料到當時所學，寫作與研究上固然確實偶而派上用場，但最受用卻還是自家廚房裡，竟就這麼成為忙／懶／宅煮婦救星。

也因所做全只為了對付餐桌所需，我的自家製麵包內容極貧乏，單單就是最基本佐餐用歐式麵包、更簡單陽春的Pita，以及合麵包與菜餚為一的披薩而已，任何加味調味包餡花式麵包一概不需要。

即使如此，畢竟多年來偷工成性，仍舊忍不住想方設法尋求怠惰簡化之方。住居空間狹小，向來對廚房電器心懷芥蒂敬謝不敏，從來沒考慮過麵包機或攪拌機；直到免揉麵包風潮吹起，整烘焙圈口耳相傳紛紛投入之際，我也跟著好奇一試。

只不過，畢竟已經熟悉揉麵了，每回施作，往往手才一碰到麵糰便不自覺很想開揉；且因免揉麵包整體操作流程雖省力卻極漫長，對入廚極是隨性、想做什麼吃什麼多是臨時起意，加之整日埋首工作、不愛分心的我而言並不見得完全合適，遂也並不曾真的全面改換方法、就此依賴獨鍾。

但在這往復之間，卻也意外頗有所獲：首先是些許點燃了對烘焙的熱情，自製麵包頻率大大提昇；最重要則是在等待、觀察發酵過程中，對麵糰狀態、質地越來越心有靈犀、得心應手。而為解決膨發不夠問題而採買或援用的烘焙石板、鑄鐵鍋，也使我的麵包披薩 pita 從外型到肌理口感都更到位。

次數多了，也越來越能隨心隨生活步調節奏而走：手揉有其快速與療癒紓壓健身之效，免揉則有輕鬆且方便貯存、多次運用的優點；揉與不揉間，怡然自在自得。

二〇一八

9月23日（日）

● 由於通常是凍存麵包吃盡、也無暇／懶得出門採買，且真心不想手揉才會動用，因此，咱家免揉麵包一年不過寥寥幾次登場。次數雖少，但幾年琢磨下來，漸漸也累積了些經驗和習慣作法。

目前步驟兼容藤田千秋、栗原晴美兩家之長，部分融合手揉麵包心得，並在素來偏愛簡單不複雜前提下不斷微調而成，在此分享：

食譜

自家製免揉歐式麵包：高筋麵粉一五〇克倒入缽中，中間騰出凹槽，依序放入酵母三克、鹽二・五克、水一〇〇毫升，徐徐拌和成糰（水量可視麵糰狀況微調）。加蓋放入冰箱冷藏過夜（或至少四小時以上）。隔日取出，靜置片刻、回復室溫後，輕輕搓揉排出空氣、使呈冷藏前的大小，放回缽中，加蓋發酵至麵糰膨發成一倍半～二倍（約需一～一個半小時）。取出，輕輕搓拉揉圓成形、並於底部收口，置於烤盤紙上，再次加蓋發酵成一倍半～二倍。等待發酵同時，將烘焙石板置於烤網上、連同烤盤一起入烤箱預熱至二一〇～二二〇℃（若無烘焙石板可以鑄鐵鍋代替）。將發酵完成的麵糰連同烤盤紙置於石板上，小心快速於烤盤中注入適量水，烤約三〇分鐘、外皮呈漂亮金褐色，取出放涼，即可享用。

二〇一七 12月3日（日）

● 自家製手揉歐式麵包
● 紅酒香料大蔥蘑菇芒果乾燉鴨腿
● 香蒜藍起司烤青花筍
● 香煎鴨油紅椒粉馬鈴薯

佐餐酒：法國布根地 David Duband Morey St Denis 1er Cru Clos Sorbe 2011 紅酒
餐後甜點：大湖草莓

● 操作免揉麵糰一段時間後，漸漸開始萌生回歸傳統揉麵作法的念頭——一來不用提前備好麵糰，也不需太長的等待時間；二來其實找回手感後也並不覺費力，親手揉捏摔打光滑Q彈麵體更是倍覺療癒，滋味口感則並無太多差異……除了手痠了點兒，老法子也挺好！

● 在外吃飯時並不愛點西式燉煮料理，但在家卻還算常煮。一來輕鬆易做，二來可以隨興組合喜歡的素材和味道。比方習慣融以酸甜果味，使整體口感更輕盈活潑；今晚用的是芒果乾，果然美味和合。

食譜

自家製手揉歐式麵包：高筋麵粉一五〇克倒入砵中，中間騰出凹槽，依序放入酵母三克、鹽二．五克、水一〇〇毫升，徐徐拌和成糰（水量可視麵糰狀況微調）。取出放在灑了手粉的檯面上，揉搓摔打至麵糰光滑有彈性、且可以手指拉搓成薄膜狀態，揉成圓球狀，放入塗了油的砵中，加蓋發酵至麵糰膨發成一倍半～二倍大（約需一～一個半小時）。取出，推滾成長條狀，置於烤盤紙上，再次加蓋發酵成一倍半～二倍大。

等待發酵同時，將烘焙石板置於烤網上、連同烤盤一起入烤箱預熱至二二〇℃。將發酵完成的麵糰連同烤盤紙置於石板上（若無烘焙石板可以揉圓、放入鑄鐵鍋烘烤），小心快速於烤盤中注入適量水，烤約三〇分鐘、表皮呈漂亮金褐色，取出放涼，即可享用。

紅酒香料大蔥蘑菇芒果乾燉鴨腿：鴨腿修去多餘油脂，皮朝下置入鑄鐵深鍋小火煎至表面金黃酥脆，翻面再煎一下，取出，放入洋蔥絲與蒜丁小火炒至熟軟，加入切段的大蔥以及月桂葉、丁香、胡椒粒等喜歡的香料與切小塊的芒果乾略炒，放回鴨腿，倒入紅酒至淹過鴨腿，大火煮滾後轉小火，調入少許鹽，慢燉至軟爛，加入切小塊的蘑菇煮至入味，夾出盛盤，淋上些許鍋內的醬汁，即可享用。

二〇一六
6月26日（日）

● 自家製瑪格麗特披薩
● 山椒小魚紅棗葉蘿蔔沙拉佐酸橘橄欖油柚醋汁

佐餐酒：台灣GQ瀟灑甘苦啤酒
餐後甜點：愛文芒果切盤

● 自從為烤麵包而買了烘焙石板＋木鏟後，就開始心癢動念想做披薩；先以傳統手揉麵糰嘗試，果然從揉麵到發酵、烘烤都遠比麵包簡單快速，短短時間便可上桌，美味輕鬆。

最棒是從材料到配方都可盡隨己意；幾次試驗後，還發現在高筋麵粉中調入低筋麵粉，同時捨去一般食譜常見的橄欖油，純以麵粉、水、鹽和酵母來和麵，果然質地更顯外酥脆內軟Q，清爽柔韌、勁道與麵香皆足，正是我喜歡的口感，滿意極了！

食譜

自家製瑪格麗特披薩：高筋麵粉一〇〇克＋低筋麵粉五〇克倒入砵中，中間騰出凹槽，依序放入酵母三克、鹽二．五克，水一〇〇毫升，慢慢拌和成糰（液體量可視麵糰狀況微調），取出放在灑了手粉的檯面上，揉搓摔打至麵糰光滑有彈性，揉成圓球狀，放進塗了油的盆砵中，蓋上保鮮膜，靜置於溫暖處使之發酵至一倍半～二倍大。取出、略排出空氣，略滾圓後再加蓋靜置數分鐘，取出滾圓壓平，鋪在烘焙紙上以桿麵棍撖成薄圓形。

表面塗上番茄醬汁，鋪上切片的小番茄和切碎的mozzarella起司，放入預熱至二五〇℃以上的烤箱中（底部放上烘焙石板一起預熱更好），烤至起司融化、餅皮金黃（約六～七分鐘），打開烤箱門，灑入切碎的羅勒，關上再烤一分鐘，即可享用。

二〇一七
1月22日（日）

● 自家製雙起司蕈菇免揉披薩
● 芒果乾核桃葉蘿蔔沙拉佐酸橘橄欖油醋汁

佐餐酒：澳洲塔斯馬尼亞 Stefano Lubiana Riesling 2013 白酒
餐後甜點：珍珠芭樂切盤

● 免揉麵糰優點之一，可以一口氣儲備起來，分次使用。遂而常常一次做兩倍份量，一回做麵包，一回做披薩或 pita。

習慣之後，因為實在太輕鬆簡單，pizza 在我家開始有了家常感——現存材料任意組合了隨手灑在麵皮上，幾步驟就可上桌。對忙／懶／挑嘴煮婦來說，著實廚房良伴哪！

食譜

自家製雙起司蕈菇免揉披薩：高筋麵粉一〇〇克＋低筋麵粉五〇克倒入缽中，中間騰出凹槽，依序放入酵母三克、鹽二．五克，水一〇〇毫升，徐徐拌和成糰（液體量可視麵糰狀況微調）。加蓋放入冰箱冷藏過夜（或至少四小時以上）。隔日取出，靜置片刻、回復室溫後，輕輕搓揉排出空氣、使呈冷藏前的大小，放回缽中，加蓋發酵至麵糰膨發成一倍半～二倍（約需一～一個半小時）。取出、略排出空氣，略滾圓後再加蓋靜置數分鐘，取出滾圓壓平，鋪在烘焙紙上以桿麵棍擀成薄圓形。表面塗上番茄醬汁和切碎的 mozzarella 與 Parmigiano-Reggiano 起司，灑上蘑菇、鴻喜菇、鮮香菇、舞菇、金針菇等喜歡的菇類，放入預熱至二五〇℃以上的烤箱中（底部放上烘焙石板一起預熱更好），烤至起司融化、餅皮金黃（約六～七分鐘），即可享用。

自家製生火腿芝麻菜披薩

佐餐酒：梅香蘭姆酒氣泡調飲
餐後甜點：木瓜切盤

各款披薩配料中，生火腿＋芝麻菜可謂最愛，既鹹甘又鮮爽，百吃不膩，日常自家製也以此口味最受青睞。另也曾將生火腿換為 salami 或 chorizo 臘腸、將芝麻葉換為葉蘿蔔或水菜，各有滋味。

今次唯一意外是，糊塗煮婦擀好餅皮後才驚覺沒了番茄醬。沒奈何，只好趕緊挖出手邊現有材料：橄欖油、洋蔥、大蒜、小番茄、羅勒、黑胡椒、紅椒粉、鹽與一點白酒……胡亂拼拼湊湊爆炒熬煮打泥對付，結果風味似是更勝一籌——嗯，想想其實並不算太麻煩費工，看來以後也許不一定需要躲懶，趁發酵時間一起做好也不錯。

食譜

自家製生火腿芝麻菜披薩：前段作業如前述，滾圓壓平、擀成薄圓形後，表面塗上番茄醬汁，鋪上切碎的 mozzarella 起司，放入預熱至二五〇℃以上的烤箱中（底部放上烘焙石板一起預熱更好），烤至起司融化、餅皮金黃（約六～七分鐘）。出爐後，排上生火腿、中間堆置多量芝麻菜葉，灑上磨碎的 Parmigiano-Reggiano 起司，即可享用。

二〇一七

4月13日（日）

● 自家製免揉 pita 口袋麵包

● 皇帝豆 hummus

● 鮮蝦番茄蘑菇青花筍綠咖哩

佐餐酒：法國布根地 Domaine Leflaive Macon-Verze 2010 白酒

餐後甜點：青森蘋果切盤

● 想吃麵包卻沒庫存、偏又不肯出門、連麵包也沒空做時，就是 pita 口袋麵包登板救援時刻到了。麵糰配方比例都和披薩一模一樣，卻更省時省力、輕鬆太多，佐餐配菜寬廣度卻一點不輸麵包；尤其烤箱裡看麵糰徐徐膨得圓胖，更是趣味盎然。

● 每回做 pita，或許是因這由來中東血統加之外酥韌內綿實口感，總是自然而然想吃咖哩，今晚，便用冰箱現存材料快手炒了一鍋；同時間一眼瞄見先前潤餅宴剩下的皇帝豆，一時興起決定打泥做成 hummus，結果比正統鷹嘴豆版本更鮮爽……任性隨心而走，又是意外豐盛一餐。

食譜

自家製免揉 pita 口袋麵包：高筋麵粉一〇〇克＋低筋麵粉五〇克倒入砵中，中間騰出凹槽，依序放入酵母三克、鹽二．五克，水一〇〇毫升，徐徐拌和成糰（液體量可視麵糰狀況微調）。加蓋放入冰箱冷藏過夜（或至少四小時以上）。隔日取出，靜置片刻、回復室溫後，取出麵糰，分切為四份，灑上些許手粉，稍微滾圓，加蓋鬆弛約三〇分鐘。

一一滾圓壓平，擀成略有厚度的扁圓形，排於烘焙紙上，放入預熱至二五〇℃的烤箱中（底部放上烘焙石板一起預熱更好），烤約四～五分鐘，至餅皮微黃膨起，即可出爐享用。

皇帝豆 hummus：皇帝豆（正統應為鷹嘴豆）燙熟去皮，加入蒜末、檸檬汁、橄欖油、芝麻醬、鹽，以攪拌器攪打成滑順的豆泥，盛入碗中，淋上橄欖油，灑上紅椒粉，即可享用。

前面提過，擁有一台「真正的烤箱」後，烘烤烘焙料理明顯增多了——這其中，自此加入家常菜單行列的，還有手工餅乾。

其實早年也曾烤過餅乾的，只是頗洩氣是，用既有微波爐所附烘烤功能烤，總是很難烤乾烤透烤脆，屢戰屢敗成果均不佳；只得自認缺乏餅乾天份，就此悻悻然作罷。

待得烤箱進駐後，抱著姑且一試心情再次挑戰，沒料到竟酥脆鬆爽、一舉到位。讓我深刻體認，果然工欲善其事必先利其器，古人智慧之言實有所本。

此之後，幾乎已成一種習慣了，只要不忙不出國，每隔幾週的週末或週日，就是我的餅乾時間：抓緊難得空檔烤它一盤、裝罐保存起來，材料口味儘可以全挑自己偏愛喜歡的，最棒是自此再不受市售餅乾很難避免的怪裡怪氣冗贅多餘添加物氣味所擾，嘴饞肚饑時來上一片，再舒服不過。

作法也絕不複雜。一律只採最基本工序：不打發、不裝飾、更不追繁瑣高難技巧，只在素材之搭配組合上求變化。

這也頗合乎我近年來的下廚概念與心得：食材調味料夠純夠真夠正夠嚴選，輕鬆簡單，自有動人之味。餅乾亦然，好奶油、好糖、好麵粉、好配料，單純烘烤而就，便足夠滿足愉悅。

二〇一五

1月11日（日）

檸檬無花果乾餅乾

食譜

檸檬無花果乾餅乾：檸檬一顆刮下表面綠色部分、榨汁，適量無花果乾切碎、浸於檸檬汁中。奶油五〇克室溫中放軟後加入紅糖五〇克拌勻，加入檸檬汁、無花果乾和檸檬皮屑拌勻，倒入低筋麵粉一一〇克拌勻成糰，撥至保鮮膜上包捲成長圓柱狀，放入冰箱冷藏或冷凍定型後，打開切片，排在烤盤上。

放入預熱至一六〇℃烤箱中，烤約十五～二〇分鐘（可視自家烤箱火力調整溫度與時間）。即將烤好時可以偶而查看，感覺開始轉為酥鬆即可停火，稍關回烤箱門（可留一點縫隙透氣），以餘溫繼續燜乾。至稍微冷卻後取出，排於金屬網上等待涼透，即可裝罐享用。

二〇一四

3月14日（五）

檸檬杏桃乾橄欖油餅乾

食譜

檸檬杏桃乾橄欖油餅乾：紅糖五〇克、奶油與橄欖油各三〇克、檸檬一顆、低筋麵粉一一〇克、杏桃乾適量，後續作法同前則。

二〇一四

1月5日（日）

酸橘桂圓餅乾

食譜

酸橘桂圓餅乾：紅糖五〇克、奶油五〇克、雞蛋一顆、酸橘汁一大匙、低筋麵粉一二〇克、龍眼乾適量，後續作法同第一則。

二〇一四

1月12日（日）

桔香巧克力酥餅

食譜

桔香巧克力酥餅：奶油五〇克室溫中放軟後加入紅糖五〇克拌勻，拌入兩大匙柑桔類果醬，倒入低筋麵粉七十五克、泡打粉兩克、可可粉一〇克拌勻，加入切碎的黑巧克力五十五克拌勻成糰，撥至保鮮膜上包捲成長圓柱狀，放入冰箱冷藏或冷凍定型後，打開切片，排在烤盤上，後續作法同第一則。

二〇一四

1月19日（六）

花生醬蔓越莓餅乾

食譜

花生醬蔓越莓餅乾：奶油五〇克室溫中放軟後加入紅糖四〇克拌勻，依序加入雞蛋一顆、花生醬七十五克繼續拌勻，倒入低筋麵粉九〇克、泡打粉兩克拌勻，灑入切碎的蔓越莓（事先以檸檬汁泡軟、擰乾），拌勻成糰，撥至保鮮膜上包捲成長圓柱狀，放入冰箱冷藏或冷凍定型後，打開切片，排在烤盤上，後續作法同第一則。

剩菜再利用

因極度不愛重複、更討厭剩食，遂而日常三餐煮食向來秉持「寧少不多、絕不剩菜」原則，且連剩材廢料都非得想方設法全數用掉……

對此，在家還能想方設法嚴格精算，除了如烤全雞、燉雞湯這類偶一為之的大菜外，大致都能頓頓盤底朝天一點不留。但若是外食或外買就全不在掌握中了——這些多多少少難免從餐館跟回家的打包剩菜，素來挑嘴習性，要我原樣加熱再吃一頓絕無可能，定是想方設法改頭換面，搖身一變成另道全新菜餚。

久而久之鍛鍊出不少「剩菜再利用」之方：入麵、炊飯、煮粥、滷菜、燉鍋，用途多多，且還常激發出頗異於日常菜色的驚喜嶄新靈感，有時甚至比原菜還更喜歡。

美味趣味盎然之餘，竟開始對特定類型剩菜如白切滷味臘味肉類、燉煮菜式湯品、火鍋鍋底等萌生好感，漸漸也不介意多點份量，橫豎包回去都用得上……嗯，這又好像有點兒走火入魔，還是偶一為之就好。

二〇一七
2月4日（六）

香蒜辣椒油漬番茄烤雞肉小松菜義大利麵

佐餐酒：法國布根地 Domaine Daniel-Etienne Defaix Chablis Vieilles Vignes 2011 白酒

餐後甜點：梨山雪梨切盤

剩餘烤雞之美味多用，無疑可稱剩菜之星、煮婦最愛！讓人每回享用烤雞後總忍不住想著下回定然不要這麼貪饞、應當多剩點才是……只是每每臨到頭從來不曾真的能夠及時煞車——於是分外能夠理解英國電視名廚奈潔拉的感嘆：恨不能一次烤兩隻雞，一隻吃掉、一隻剩下來用……嘖，真是一整個說到我心坎兒裡啦！

雖說始終頗愛新鮮村莊級 Chablis 的清酸鮮爽勁瘦，然而稍微經過熟陳的圓潤豐厚，也是另重迷人哪！

二〇一四
5月25日（日）

青蔥高麗菜炒鴨骨燒關廟意麵

佐餐酒：法國布根地 Domaine Michel Gaunoux Corton-Renardes Grand Cru 2005 紅酒
餐後甜點：金煌芒果切盤

烤鴨吃剩的炒鴨骨，以及鹹水雞鴨等帶骨鹹鮮禽肉極適合與麵條同鍋乾燒，尤其耐煮的關廟意麵或寬版的波浪麵，再好吃不過！

二〇一七
10月13日（五）

白菜滷燴意麵

佐餐茶：冷泡京都一保堂煎茶
餐後甜點：苗栗卓蘭寶島甘露梨切盤

日前沒吃完的白菜滷加入炸意麵同燒，起鍋前滴上些許醬油、辣油、烏醋，香噴噴！忙／懶主婦再度輕鬆對付一餐。

二〇一六

1月20日（三）

● 家常什錦炒餅

佐餐飲料：溫蜂蜜梅子醋飲

餐後甜點：塔斯馬尼亞櫻桃

● 日前沒吃完凍存起來的自家製印度烤餅切粗條再利用，節儉煮婦又一招。

二〇一六

1月1日（五）

● 番茄榨菜獅子頭湯麵線

佐餐酒：西班牙 La Rioja Bodegas Riojanas Mont Real Cenicero 1956 紅酒

餐後甜點：西洋梨切盤

● 剩餘的獅子頭或炸肉丸變身，雖是尋常湯麵，也有幾分華麗感。

二〇一五
10月3日（六）

香辣酸菜干絲煨麵

佐餐酒：紅酒氣泡飲
餐後甜點：梨子切盤

● 江浙菜館帶回來的大煮干絲，瀝出干絲，以少許油、蒜、辣椒和酸菜略炒，再倒回湯中燴煮後煨麵吃，別是另番新滋味。

二〇一八
3月28日（三）

麻辣水血木耳蔬菜烏龍麵鍋

佐餐酒：台灣裕豐紅高粱檸檬酒highball
餐後甜點：杏李切盤

● 台菜館包回來的木耳水血，和爆炒過的花椒、辣椒、乾辣椒與蔥段以及高湯和烏龍麵同燒，瞬間台味變川味，辛香有勁，過癮極了！

食譜

麻辣水血木耳蔬菜烏龍麵鍋：花椒、辣椒、乾辣椒與蔥段以少許油炒香，倒入木耳水血拌炒一下，淋入高湯煮沸，下烏龍麵略煮至麵條熟軟，放入青菜燙熟，嚐一下味道，若不足再以醬油調味，即可起鍋享用。

二〇一六

3月18日（五）

● 魚碎蘿蔔絲鹹粥

佐餐飲料：溫梅子醋飲

餐後甜點：茂谷柑切盤

● 吃剩的烤魚，魚肉去骨剝碎後與蘿蔔絲一起煮成鹹粥，鮮鹹甘香，比原來更棒！

二〇一八

7月11日（三）

● 滷肥腸燒冬瓜

● 蒜炒鹽麴紅菜豆

● 玉米筍片湯

● 土鍋糙米飯

佐餐酒：法國薄酒來 Domaine Chanonard Morgon 1997 紅酒

餐後甜點：水蜜桃切盤

● 日前沒吃完打包回來的滷肥腸，取以與冬瓜同燒，濃香腴脂盡入瓜肉中，太好吃啦！

● 偶然在基隆街頭碰到紅菜豆，立即買回來嚐，感覺比起綠菜豆來似是多幾分甘甜與清香。

二〇一八

9月10日（一）

● 鹽水鴨舌燒豆腐
● 香蒜韓式醬拌黃瓜
● 綠竹筍魚丸湯
● 糙米飯

佐餐酒：法國 Domaine Breton Avis de Vin Fort Clairet 2016 紅酒
餐後甜點：珍珠芭樂切盤

● 日前吃剩的鹽水滷煙燻鴨舌取以滷豆腐，因燻味足，入菜效果極好；鴨味燻香沁入豆腐裡，且燉煮後皮肉從Q彈轉為柔嫩，美味極了！
● 不甘心韓式豆腐鍋醬只能煮豆腐鍋，遂想方設法尋找多樣用途。這會兒靈機一動，和蒜頭、麻油、陳年醋一起調勻後用來拌黃瓜，酸香微辣，超下飯！

發現竟有淡紅酒上架，興致勃勃立即買來嚐。所謂淡紅酒，指的是以皮薄色淡品種、或黑白葡萄混釀、或是短暫泡皮萃取而成的清淡紅酒；古早時代原為重要日常佐餐酒類型，後因主流市場不愛而漸漸淡出，直到近年才因回歸自然狂潮吹起而重又風行。

此款以產自羅亞爾河的 Cabernet Franc 釀成——坦白說向來沒有很欣賞這品種，然釀成淡紅酒後卻頗令人驚艷，細緻清亮，習習果香中透著優美層次質地，正是我心目中理想佐餐酒典範。

二〇一七

4月6日（四）

●滷豬腳炊飯
●瓜仔番茄高麗菜燉鍋

佐餐酒：西班牙 Sanlucar de Barrameda Rainera Perez Marin La Guita Manzanilla 雪莉酒

餐後甜點：巨峰葡萄

●越來越覺得，炊飯可能性著實無限；尤其與剩菜同燒更常成驚喜之作。今晚，忙過頭不想費事，冷凍庫存一塊滷豬腳去骨切丁直接扔進鍋裡炊飯；結果效果出奇得好，豬香肥脂沁入米粒中，美味得令人驚呼連連。

●同時間將冰箱幾樣剩餘蔬菜加點醬瓜另一鍋裡小火烹透、連鍋上桌，便是滿意一餐。最重要是……「哇，今晚道具好少，洗碗好輕鬆啊！」——連另一半都誇獎。

想喝白酒，但豬腳味濃，太輕盈酒款似乎不搭……那就開瓶雪莉酒吧！果然好選擇！尤其此款Manzanilla質地極是清新清爽、果香習習，卻仍保有雪莉酒的豐潤和勁道，和豬腳的鮮香、蔬菜鍋的甘甜，配得恰恰剛好！

二〇一七

12月28日（四）

● 日前沒吃完打包回來的麻辣鍋底＋刺瓜、高麗菜、玉米、凍豆腐、快煮麵條再吃一餐

佐餐酒：澳洲 Clarendon Hills Domaine Clarendon Syrah 2014 紅酒

餐後甜點：奇異果切盤

● 麻辣鍋的樂趣在於，餐廳裡吃一頓，打包鍋底回來加料再吃一頓。尤其通常不再放葷料，改加入各種甘味耐煮蔬菜同煮，辛香勁辣轉為溫潤鮮甜，更加美味！

二〇一四

7月27日（日）

● 櫛瓜蘑菇南瓜湯燉飯

● 涼拌酸辣魚露番茄雞絲

佐餐酒：義大利 Friuli-Venezia Giulia Miani Colli Orientali del Friuli Friulano 2011 白酒

餐後甜點：紅白櫻桃

● 昨日宴客剩下的南瓜濃湯和鹽焗雞再利用，三兩下端出一道涼拌、一道燉飯，省時省料又省力，最重要是，好好吃！

二〇一七 3月14日（二）

桂圓紅棗米糕粥

● 婆婆給的拜拜用甜米糕加水加料快手煮就，祭神供品搖身一變成懷念家鄉味！

二〇一四 2月18日（二）

蜂蜜奶油麵包脆片

● 晚餐剩下的棍子麵包，飯後清理時順手切片，淋上奶油與蜂蜜入烤箱低溫烤至乾鬆酥脆，放涼裝罐保存，不管當早餐或點心都好。

食譜

蜂蜜奶油麵包脆片：剩的麵包切片擺一陣子稍微風乾，兩面沾上融化的奶油、淋上蜂蜜，放入預熱至一二〇℃的烤箱烤至脆硬，時間大約二〇分鐘；烤好後不急著拿出來，留在烤箱中用餘溫再燜一下會更乾爽。另蜂蜜也可以楓糖取代，量不用多，表面上薄薄滴上些許，有甜味即可。

南國水果之鄉出生長大，對四季果物，與其說是留戀著迷，不如說早已如主食飯麵一樣，早成常日飲食中不可一日無它的重要存在，一旦有缺便惶惶然無能安頓。

尤其飯後一定吃水果！不管午餐晚餐甚至早餐，以這清甜芳馥之味收尾，這一餐才算圓滿圓全。

而同樣堅持則還有，水果必得切盤。台南女兒從小耳濡目染養成的習慣（或說癖好），除了葡萄、荔枝、草莓等可以一口吃掉的之外，即使再難對付的水果，也絕不原顆啃咬，定然好好去皮去籽切塊盛盤。

你說最愛貪懶偷工的我，怎麼逢到這上頭卻這麼不怕麻煩……不不不，對我而言，反是吃得汁水四濺淋漓難以收拾才叫麻煩；還不如少許費點工夫廚房裡快手處理了，之後舒舒服服歪在沙發上持叉悠然享用，這才夠方便舒坦！

二〇一四
9月26日（五）

● 早年經常於餐後水果時間上演的對話：

另一半：「耶？這玩意兒哪還需要切盤？抓起來啃一啃就好了啊！」

我：「開玩笑！我可是全台聞名水果切盤之鄉台南長大，當然從小訓練＋嬌養得什麼水果都能切、什麼都得好好切了，盛出來漂漂亮亮舒舒服服享用才行哪！」

另一半：「……………」

註一：本日抬槓主角是梨山迷你青蘋果。

註二：印象中過往在臉書上引發最多驚奇和討論的切盤水果是土芒果、其次是蜜棗。

註三：在微博，如果出現香蕉、文旦、葡萄、草莓等不用切的水果，常會有人留言：「終於不切盤了！」

註四：不過事實上，其實香蕉我也偶而切盤……不好意思讓大家失望了……

二〇一八
6月3日（日）

● 盛夏，土芒果個頭漸顯碩大，這水果世界中切盤難度名列前茅果物，終於比較可以輕鬆優美呈現了！（什麼水果都能切都想切之台南女兒切盤控表示欣慰……）

二〇一六
10月7日（五）

● 自己一人切水果吃，因份量少，遂常忍不住偷懶，整砧板端上桌切好、直接大快朵頤。卻每每覺得，好像一點不輸另外裝盤好看……

二〇一五
5月30日（六）

● 冰糖肉桂蒸梨

● 夜點。給感冒將癒未癒的另一半滋潤一下，我則順道吃甜點。

食譜

冰糖肉桂蒸梨：梨子對切、挖去果核，在挖空的地方放入適量冰糖與略剝散的肉桂棒，入鍋蒸約二〇～三〇分鐘，即可享用。

二〇一四
12月25日（四）

酒香蜂蜜肉桂鳳梨

台灣鳳梨美味冠天下。特別近幾年，出神入化的育種與種植技術，不僅創造出逼人的甜美與芳香；甚至季季都能有不同品種鳳梨可以大快朵頤。

只是話雖如此，偶而遇上季節青黃不接、或是運氣欠佳時刻，總難免還是會買到滋味不如預期的鳳梨。雖不致難以下嚥，然吃著總覺憾悵不愜懷……

這時，我的腦海中，總會浮現小時候母親的聲音：「來煮鳳梨湯吃吧！」

——那是好久好久以前，鳳梨美味遠不如今日的年代，遇上酸澀咬嘴的情況還真不少，吃還不行，媽媽總會這麼提議；然後立即起身，將整盤鳳梨倒入鍋中加糖加水煮得入味後重新上桌，熱騰騰甜蜜蜜，水果變甜點，吃得全家喜孜孜笑呵呵。

所以長大後，碰上不夠好吃的鳳梨（不過機率可顯然低得多了……），我也總是習慣改煮成鳳梨湯享用。

有回正要開鍋時，心念一動，突然有點想換換口味……於是衍生出這道甜點，暖郁甜馥、奔放襲人的濃香醇美中，鳳梨明媚的微酸與果香完美呈現；佐上一杯威士忌，著實陶醉。

食譜

酒香蜂蜜肉桂鳳梨：平鍋中小火加熱奶油至融化，放入切塊的鳳梨略炒至香味散發，灑入肉桂粉、淋上蜂蜜，拌勻，煮幾分鐘使之入味；轉大火，一口氣淋上威士忌，一面稍微傾斜鍋邊引燃鍋內的酒精，將鳳梨燒灼片刻，熄火盛出，即可享用。

從來不認為自己算得上是精明幹練賢慧煮婦。畢竟工作忙碌太過，且生性迷迷糊糊大而化之、不擅不耐繁瑣枯燥，從來總是能怎麼躲懶就躲懶。

但也出乎同樣原因，加之對日常飲食與居家生活之樂的挑剔執著，深知怠惰敷衍太過反而多生麻煩事端、更加收拾不完；閒散之餘，一定程度的效率追求與智慧管理，以及對細節的認真看待，才是真正省心省力輕鬆長久、維持居食品質同時陶然徜徉此中之道。

因而多年來，也慢慢累積了些小小心得訣竅，興致一來也偶而於臉書微博等處分享，數量雖不多，卻次次都激起無比熱烈迴響。遂隨成書，重點載錄於此，以為留念。

二〇一六

5月1日（日）

● 連假日也是備料日。咱家之常備高湯，此刻開熬中。

此刻，一鍋高湯在爐台上微微滾沸著，屋裡飄送的氣味緩緩從生青逐步轉而圓熟香甜。雖是電腦前忙碌著，然心裡踏實。

日子，便是這樣一點一滴悠悠而過。

● 節儉煮婦個性，我家的基礎高湯材料幾乎都是「廢／剩料大集合」：平時刻意凍存留下的剩餘烤雞骨、各種菜心菜頭菜梗（以有香氣甜味的為佳），再扔進一些蔥、薑、洋蔥就開熬。

省錢省事且味道都不錯，唯一問題是湯頭味道從來不固定，會隨材料不同而有差異，也是樂趣之一。

食譜

廚房常備雞高湯：雞骨一副，入烤箱以二二〇℃烤至表面呈金黃顏色（若直接使用吃剩的烤雞骨則可省略此步驟），置入鍋中，放入蔥、薑、洋蔥與預留的剩餘菜心菜頭菜梗，加入冷水直至完全蓋過材料。大火煮滾後轉中火數分鐘，再轉小火慢煮數小時至材料精華完全釋放，熄火待冷透，以篩子過濾，依照個人習慣用量分裝成小盒小份送入冰箱冷凍，需要時隨時取用即可。

二〇一四 6月21日（六）

●家裡吃的優格向來自製。主要原因，除了早年市售優格因適口性或其他考量，多多少少都會另外添加其他成分，實在不合口味；其次也是熟習之後無比方便快速簡捷、一點不花功夫，不僅經濟實惠，且還可使用自己喜愛慣喝的乳品。遂而即使近年來漸漸優質產品越多，但除非真的支應不過來，否則還是一律自家手作，不仰賴外力。

採用的是燜燒鍋＋高溫菌作法。只要前一夜花個幾分鐘加溫調拌，放入燜燒鍋中靜置發酵，隔日一早開鍋，便大功告成！

優格做好，最單純是加入蜂蜜或果醬直接吃；但也愛多些變化：以手邊現有新鮮水果快手烹煮後，與優格一起享用。作法可如前章的「酒香蜂蜜肉桂鳳梨」，若想清爽些，水果切小塊加入蜂蜜、檸檬或酸橘汁，略煮至融合即可；要更偷懶，挖一顆熟透百香果，連同蜂蜜淋上，都極美味。

若是健康取向，優格上滿鋪燕麥與蜂蜜，也可再搭配些許果乾，理想早餐！

其餘，入菜入料理尤其應用廣泛：調製沙拉醬汁、烹煮咖哩或燉菜、醃製肉類、打冰沙或Smoothie、製作甜點……好用非常。

食譜

自家手製優格：以沸水將所有工具沖淋消毒後，牛奶一公升倒入燜燒鍋內鍋，插入溫度計，小火加熱至四十三～四十五℃，熄火，迅速以湯杓舀起一杓牛奶，加入優格專用乳酸菌粉（請選高溫菌）拌勻後，淋入鍋中再次拌勻。蓋上鍋蓋放入外鍋蓋緊，靜置發酵約八小時（冬天需更長），凝結成固狀後，放入冰箱保存即可。

二〇一五
6月18日（四）

● 家中人口少，又習慣少量烹煮盡量不剩菜，且做過的菜好一陣子都不想重複……因此，食材之如何分裝處理、冷凍保存，遂成重要廚房日課。

生鮮乾貨之外，醃菜類如酸菜、酸白菜常以這樣的方式對付：開封後立即分成小棵擠乾水分一一捲綁成球，整齊平鋪裝入密封袋，壓去空氣後凍存；方便取用，保鮮效果也好。而每回處理時，都有做勞作之感，好有趣啊！

二〇一四
11月30日（日）

● 早習慣不用清潔劑，只先以紙巾擦拭、再用熱水與軟刷清洗未上琺瑯塗層的鑄鐵鍋。但偶而烹煮濃膩的海鮮或肉類菜餚時，油份多半都能輕鬆洗去，卻難免多多少少殘留味道。

後來靈機一動，刷好鍋倒入水和剩餘茶葉渣燒一滾、並旋轉鍋子使茶汁充分浸潤內壁再沖掉，接著才繼續進行烘乾與上油養鍋步驟。果然膩味全消，還留著淡淡的餘香。著實妙方！

二〇一七
12月31日（日）

●開放式廚房，即使做菜再怎麼清淡、排煙機再怎麼強大，偶而煮了濃厚口味菜餚後，總難免好一陣子屋裡殘留味道。這時，我就會焚茶以為薰香。

往年多半克難於乾鍋中鋪上鋁箔紙、直接爐台上為之，但火候控制不易且有傷鍋具之虞，遂乾脆另外添購精油薰香台對付。

當然薰的不是精油，嗅覺上頗神經質的我，對太直接鮮明的香氣始終有些畏懼，所以還是依照往日習慣，置入過期茶葉薰炙。

而各類茶款中，發現以調味紅茶效果最佳。除了幽幽茶香外，還有淡雅馥郁花果芬芳；最愛柑橘水果調，尤以伯爵茶聞來最是沁爽。

燭火燃起，漸漸油氣脂味盡消，滿室甜柔甘芳，好生舒坦。

二〇一六

11月7日（一）

● 外買也要好好擺盤。

原則之一：花幾分鐘另外盛盤，不費什麼工夫，卻能吃得安適舒坦有樂趣，且常有美味加乘之效，非常划算！

原則之二：即使買便當，若遇相熟店家，總習慣央求飯與菜分開裝，以保持白飯之純粹淨爽。

原則之三：餐酒和甜點一樣認真搭，即使無暇做飯，仍能多有幾分悠然感。

日日三餐，早・午・晚

——葉怡蘭的 20 年廚事手記

作者	葉怡蘭
主編	莊樹穎
封面設計	霧室
內頁設計	賴佳韋設計工作室
插畫	賴佳韋設計工作室
行銷企劃	洪于茹
出版者	寫樂文化有限公司
創辦人	韓嵩齡、詹仁雄
發行人兼總編輯	韓嵩齡
發行業務	蕭星貞
發行地址	106 台北市大安區光復南路 202 號 10 樓之 5
電話	(02) 6617-5759
傳真	(02) 2772-2651
讀者服務信箱	soulerbook@gmail.com
總經銷	時報文化出版企業股份有限公司
公司地址	台北市和平西路三段 240 號 5 樓
電話	(02) 2306-6600

第一版第一刷 2018 年 11 月 02 日
第一版第十一刷 2023 年 5 月 11 日
ISBN 978-986-95611-6-7

國家圖書館出版品預行編目 (CIP) 資料

日日三餐 , 早 . 午 . 晚 / 葉怡蘭著 -- 第一版 . --
臺北市 : 寫樂文化 , 2018.11
面；　公分 . -- (葉怡蘭的日常 365；5)
ISBN 978-986-95611-6-7(平裝)
1. 飲食 2. 食譜 3. 文集
427.07 107012909　　　　107012909